计算机视觉

COMPUTER VISION

梁　玮　　裴明涛◎编著

北京理工大学出版社

BEIJING INSTITUTE OF TECHNOLOGY PRESS

内 容 简 介

计算机视觉是研究让计算机能够像人一样来理解图像、视频等视觉信息的科学。本书主要讲述了计算机视觉所涉及的图像的形成、基本的图像处理方法、图像特征、纹理分析、图像分割、模型拟合、三维重建以及物体的检测、跟踪、识别等内容，并对计算机视觉中深度学习的典型应用进行了介绍。

本书可作为高等院校计算机、自动化、电子信息等专业的教材。

版权专有　侵权必究

图书在版编目（CIP）数据

计算机视觉／梁玮，裴明涛编著. —北京：北京理工大学出版社，2020.11
（2024.12 重印）

ISBN 978 − 7 − 5682 − 9214 − 6

Ⅰ. ①计⋯　Ⅱ. ①梁⋯ ②裴⋯　Ⅲ. ①计算机视觉 − 高等学校 − 教材　Ⅳ. ①TP302.7

中国版本图书馆 CIP 数据核字（2020）第 213636 号

出版发行／北京理工大学出版社有限责任公司
社　　址／北京市海淀区中关村南大街 5 号
邮　　编／100081
电　　话／（010）68914775（总编室）
　　　　　（010）82562903（教材售后服务热线）
　　　　　（010）68944723（其他图书服务热线）
网　　址／http：// www. bitpress. com. cn
经　　销／全国各地新华书店
印　　刷／廊坊市印艺阁数字科技有限公司
开　　本／787 毫米×1092 毫米　1/16
印　　张／11. 5　　　　　　　　　　　　　　　责任编辑／封　雪
字　　数／272 千字　　　　　　　　　　　　　文案编辑／封　雪
版　　次／2021 年 1 月第 1 版　　2024 年 12 月第 4 次印刷　　责任校对／刘亚男
定　　价／42. 00 元　　　　　　　　　　　　　责任印制／李志强

图书出现印装质量问题，请拨打售后服务热线，本社负责调换

前言

计算机视觉是研究让计算机能够像人一样来理解图像、视频等视觉信息的科学。计算机视觉通过摄像机等成像设备代替人的眼睛来获取场景的图像或视频，通过各种智能算法来代替人的大脑对图像或视频进行分析，获得对于场景的理解（包括场景中所包含的物体、场景中所发生的事件等）。

本书主要讲述了计算机视觉中涉及的图像的形成、基本的图像处理方法、图像特征、纹理分析、图像分割、模型拟合、三维重建以及物体的检测、跟踪、识别等内容。

本书的结构如下：

第1章计算机视觉概述，介绍了计算机视觉的定义、发展历史、典型应用以及面临的挑战。第2章图像的形成，介绍了成像几何学、成像物理学以及颜色分析等内容。第3章图像处理，介绍了线性滤波器、非线性滤波器、边缘检测以及傅里叶变换。第4章图像的局部特征，以SIFT和HOG等经典的算法为例，讲述了局部特征的检测与描述。第5章纹理分析，介绍了纹理的定义、描述以及合成方法。第6章图像分割，讲述了经典的图像分割方法及其评价方式。第7章模型拟合，讲述了霍夫变换、RANSAC、最小二乘、最大期望等算法以及模型选择的准则。第8章三维重建，介绍了立体视觉和运动视觉两部分内容。第9章视觉目标跟踪，介绍了视觉目标跟踪的定义和所面临的挑战、单目标跟踪方法、多目标跟踪方法以及典型的目标跟踪数据集和评价方法。第10章图像分类，介绍了全局图像特征、分类器以及图像分类的评价标准。第11章物体检测，介绍了基于滑动窗口的检测方法、基于区域提名的检测方法、物体检测常用数据集以及物体检测的评价指标等内容。第12章深度学习与计算机视觉，介绍了人脸识别、物体检测和目标跟踪中的经典的深度学习方法。

本书是编者根据多年来为研究生和本科生开设计算机视觉课程的经验，在内部讲义的基础上参考计算机视觉的经典教材（包括David A. Forsyth在2012年所著的《Computer Vision：A Modern Approach》，Richard Szeliski在2010年所著的《Computer Vision：Algorithms and Applications》，贾云得在2000年所著的《机器视觉》等）以及相关的学术论文和毕业论文编写而成的。本书重点介绍了计算机视觉中的经典算法，并对从2006年开始兴起的深度学习在计算机视觉中的典型应用进行了介绍。对计算机视觉的研究内容和经典方法使用通俗易懂的语言进行介绍，力求使读者能够对计算机视觉的发展历史、典型应用、研究内容和经典算法有直观整体的了解。

由于编者水平所限，书中难免存在疏漏和不妥之处，敬请读者不吝指教！

编　者
2020年4月

目 录
CONTENTS

第1章
计算机视觉概述

1.1 计算机视觉简介

从生物学的角度来看，计算机视觉是研究如何得到人类视觉系统的计算模型的科学；从工程学的角度来看，计算机视觉是研究如何建立可以媲美人类视觉（在某些视觉任务上超越人类视觉）的系统。通常来说，完成视觉任务需要通过图像或视频来理解场景。这两个角度是互相促进、彼此关联的。人类视觉系统的特点对于设计计算机视觉系统和算法有着很大的启发，而计算机视觉的算法也可以帮助人们来理解人类的视觉系统。本书将从工程学的角度来介绍计算机视觉。

从工程学的角度来看，计算机视觉主要研究的是通过图像或视频来重建和理解场景，完成人类视觉可以完成的任务。计算机视觉与人类视觉示意如图1-1所示。人类视觉是通过眼睛看到某一场景的图像，再通过大脑对图像进行分析，最终得到对场景的理解结果，而计算机视觉则是通过摄像机等成像设备获得场景的图像，通过计算机和相应的视觉算法对图像进行分析，得到和人类类似的场景理解结果。摄像机等成像设备相当于人的眼睛，而计算机和视觉算法则相当于人类的大脑。

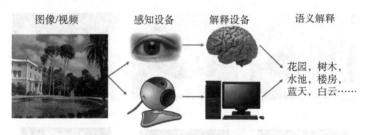

图1-1 计算机视觉与人类视觉示意

近年来，随着计算机视觉以及其他相关学科（如认知学，心理学等学科）的发展，其目标已经从识别出场景中所包含的物体以及场景中正在发生的事件发展到推测视频中人的目的和意图，帮助人们理解视频中一些状态变化的原因以及对人的下一步行为进行预测。

计算机视觉是一门交叉学科，涉及图像处理、模式识别、机器学习、人工智能、认知学以及机器人学等诸多学科。其中，图像处理是计算机视觉的基础。图像处理研究的是图像到图像的变换，其输入和输出的都是图像。常用的图像处理操作包括图像压缩、图像增强、图像恢复等。计算机视觉的输入是图像，而输出则是对图像的理解，在此过程中要用到很多图像处理的方法。模式识别研究是指使用不同的数学模型（包括统计模型、神经网络、支持向量机等）来对不同模式进行分类。模式识别的输入可以是图像、语音以及文本等数据，而计算机视觉中的很多问题都可以视为分类问题。人的大脑皮层的活动约70%是在处理视觉相关的信息。视觉相当于人脑的大门，其他如听觉、触觉、味觉等都是带宽较窄的通道。如果不能处理视觉信息，整个人工智能系统就只能做符号推理。如下棋和定理证明等，既无法进入现实世界，也无法研究真实世界中的人工智能。

计算机视觉的目标是填充图像像素与高层语义之间的鸿沟，如图1-2所示。计算机所见的像素中，每个像素具有一定的数值（表示该像素的灰度或颜色），而其处理的最终目标是将这些数值综合起来，赋予图像一定的高层语义。

100	201	54	130	153	154	207	210
99	89	65	121	99	160	206	199
107	93	93	105	132	190	176	188
121	111	131	120	36	178	155	148
68	81	177	88	54	76	143	123
65	89	67	86	66	160	158	106
50	30	76	73	90	93	165	198
22	45	56	54	64	82	165	143

(a)　　　　　　　　　　　　(b)

图1-2　计算机视觉的目标是填充图像像素与高层语义之间的鸿沟

（a）人眼所见；（b）计算机所见

计算机视觉技术可以从图像或视频中获得两类信息：第一类信息是语义信息，能够根据图像或视频得到对应场景的语义描述；第二类信息是三维的度量信息。如图1-3所示，计算机视觉可以通过两幅或多幅二维图像恢复场景的三维信息，得到场景中的物体距离摄像机的远近信息（深度信息）。图1-3（c）中类似灰度图的图像为深度图。其可以视为一幅图像，每个像素的值表示了该像素对应的场景中的点距离摄像机距离的远近。

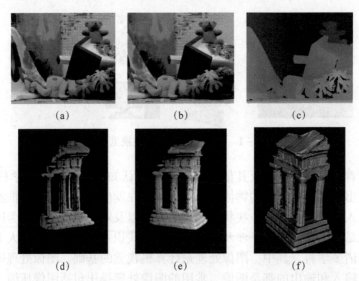

(a)　　　　　　　　(b)　　　　　　　　(c)

(d)　　　　　　　　(e)　　　　　　　　(f)

图1-3　计算机视觉可以通过两幅或多幅二维图像恢复三维信息

（a）图像1；（b）图像2；（c）使用立体视觉方法通过图像1和图像2得到的深度图；

（d）图像3；（e）图像4；（f）使用运动视觉方法通过图像3和图像4得到的三维模型

计算机视觉分为三个层次，即底层视觉、中层视觉和高层视觉。底层视觉主要研究图像底层特征的提取与表示，包括边缘检测、角点检测、纹理分析以及特征点的匹配和光流的计算等内容；中层视觉主要研究场景的几何和运动，包括立体视觉与运动视觉、图像分割以及目标跟踪等内容；高层视觉则主要研究物体的检测识别以及场景理解等具有高层语义的内容。

1.2　计算机视觉的发展历史

1966 年，麻省理工学院（MIT）人工智能实验室的 Marvin Minsky 要求他的学生 Gerald Jay Sussman 等利用一个暑假的时间完成将一个相机连接到计算机上，使计算机能够描述它所看到的场景的项目。这被视为计算机视觉研究的开端[1]。计算机视觉早期对于场景理解的研究主要是针对积木世界（blocks world）进行的，检测边缘和对边缘的拓扑进行分析可以得到物体三维结构[2]。由马尔整理和编写的 1982 年出版的《视觉：从计算的视角研究人的视觉信息表达与处理》，是计算机视觉研究的一个重要的里程碑。

马尔提出了视觉的三个层次[3]，即表达、算法以及实现。首先，在表达层次中，表达是指这个问题是什么以及如何把它写成一个数学问题。任务是什么，任务的约束是什么以及任务的输出是什么。表达是独立于解决问题的方法的。算法是指对这个数学问题进行求解时，应如何表示输入，如何表示输出，如何表示中间的信息以及采用什么算法得到最终的结果。实现则是指这些算法如何实现，可以并行实现或者串行实现，可以通过硬件实现或者软件实现。

计算机视觉的发展历史如图 1 – 4 所示。20 世纪 80 年代对于计算机视觉的研究有了进一步的发展，图像金字塔[5]，尺度空间[6]，小波分析[7]等理论和方法被提出，并得到了广泛的应用。从 X 恢复形状（Shape from X）技术也得到了快速发展，包括从明暗恢复形状（Shape from Shading）[8]、光度立体（Photometric Stereo）[9]、从纹理恢复形状（Shape from Texture）[10]以及从聚焦恢复形状（Shape from Focus）[11]等方法。主动轮廓模型（Snake）[12]也在 20 世纪 80 年代被提出和应用，同时，马尔科夫随机场（Markov Random Field, MRF）[13]也被广泛应用于视觉问题的优化之中。20 世纪 90 年代之前，由于获取图像的设备非常昂贵，不具备研究视觉这个问题的硬件条件和数据基础，因此对于视觉的研究集中在使用特征点的对应关系做射影几何、使用线条做形状分析等几何方面以及积木世界下的视觉任务。

图 1 – 4　计算机视觉的发展历史

20 世纪 90 年代，随着视觉传感器以及计算设备的发展，计算机视觉逐步开始面向真实世界进行研究。对于光流（Optical Flow）的研究，则在 20 世纪 90 年代有了较大的发展[14,15]，同时，立体匹配技术得到了快速发展[16,17]，基于图割的优化方法[18]在立体匹配中得到了应用并取得了很好的效果。另外，目标跟踪算法也得到了快速的发展，粒子滤波方法（Particle Filters）[19]以及水平集（Level Set）[20]等方法被广泛地应用于目标跟踪算法中。主成分分析（Principal Component Analysis，PCA）被应用于人脸识别中，特征脸（Eigen Face）[21]也成为一个专有名词。很多图像分割的经典算法也在这段时期涌现。例如，基于最小描述长度的分割算法[22]、基于图割的分割算法[23]以及基于 Mean Shift 的分割算法[24]等。

2000 年后，图像拼接[30,32]、高动态范围图像[25,26]、纹理合成[27,28]等研究领域得到了较大的发展。基于局部特征（基于兴趣点或图像块的方法）的识别方法成为物体检测与识别的主流方法[29,31]。2006 年后，深度学习在计算机视觉的各个领域得到了广泛应用[156,158,160,166,167,170]，取得了远远超过常规算法的效果。

1.3　计算机视觉领域的学术会议和期刊

从诞生以来，计算机视觉一直以来都是一个非常活跃的研究领域，拥有很多专门针对计算机视觉的学术会议和期刊，其中，发表的论文反映了计算机视觉领域的最新发展情况。

计算机视觉领域的著名学术会议包括视觉的三大顶级会议：IEEE 国际计算机视觉会议（International Conference on Computer Vision，ICCV），IEEE 国际计算机视觉与模式识别会议（Conference on Computer Vision and Pattern Recognition，CVPR）以及欧洲计算机视觉国际会议（European Conference on Computer Vision，ECCV）。其中，ICCV 由美国电气与电子工程师学会（Institute of Electrical & Electronic Engineers，IEEE）主办，由美洲、欧洲以及亚洲的一些科研实力较强的国家轮流举办。作为世界顶级的学术会议，首届 ICCV 于 1987 年在伦敦揭幕，其后每两年举办一届。值得一提的是，ICCV 的最佳论文奖名为马尔奖，是以 David Marr 的名字命名的。另外，CVPR 也是由美国电气与电子工程师学会主办，第一届 CVPR 会议 1983 年在华盛顿举办，此后每年都在美国本土举行一届。会议一般在每年 6 月举行，举办地通常是在美国的西部、中部和东部地区之间轮换。ECCV 也是每两年举办一届，举办地在欧洲国家中循环。

另外，计算机视觉领域其他的著名学术会议还包括亚洲计算机视觉会议（Asian Conference on Computer Vision，ACCV），图像处理国际会议（International Conference on Image Processing，ICIP），模式识别国际会议（International Conference on Pattern Recognition，ICPR），英国机器视觉会议（British Machine Vision Conference，BMVC）等。

计算机视觉领域的顶级学术期刊包括 IEEE 模式分析与机器智能（Transactions on Pattern Analysis and Machine Intelligence，TPAMI）汇刊，计算机视觉国际（International Journal of Computer Vision，IJCV）期刊，IEEE 图像处理事务（Transactions on Image Processing，TIP）汇刊等。

1.4　计算机视觉的应用

计算机视觉在生产和生活中具有广泛的应用。

1.4.1　智能机器人

智能机器人是计算机视觉的一个典型应用领域。计算机视觉作为智能机器人的"眼睛"，可以帮助机器人感知周围的环境，为机器人自动完成任务提供基础数据。典型的应用包括基于视觉的机器人定位、自动避障、视觉伺服以及自动装配等。

好奇号火星探测器（Curiosity Mars Rover）是美国国家航空航天局（NASA）发射的第四个火星探测器，其上装备了 17 个相机（图 1 - 5），包括两对导航相机和四对避障相机，用于为火星车提供自主导航和避障功能。

图 1 - 5　好奇号火星探测器

视觉伺服是指通过光学的装置和非接触的传感器自动地接收和处理一个真实物体的图像。图像反馈的信息可以使机器的控制系统对机器做进一步控制或相应的自适应调整。图 1 - 6 所示为基于视觉伺服的机器人在工件装配和自动焊接方面的应用示例。

图 1 - 6　基于视觉伺服的机器人在工件装配和自动焊接方面的应用示例

1.4.2　医学图像分析

医学图像分析也是计算机视觉的重要应用领域之一。医学图像中的成像方式包括 X 射线成像，计算机断层扫描（Computed Tomography，CT）成像，核磁共振（Magnetic Resonance Imaging，MRI）成像以及超声波检测（Ultrasonic Testing，UT）成像等。计算机视觉在医学图像方面的应用主要包括对医学图像进行增强以及自动标记等处理来帮助医生进行诊断，协助医生对感兴趣区域进行测量和比较，对图像进行自动分割和解释，对各种病症图像进行分类和检索，基于所拍摄的图像进行三维器官重建以及基于视觉的机器人手术等。图1-7为医学图像应用示例。

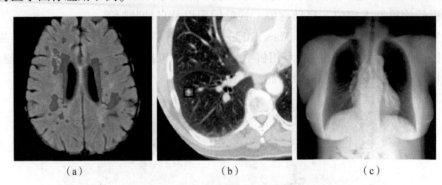

(a)　　　　　　　　　(b)　　　　　　　　　(c)

图1-7　医学图像分析示例

(a) 脑损伤检测[34]；(b) 肺结节检测[46]；(c) X射线图像骨骼屏蔽[148]

1.4.3　智能交通

智能交通领域是计算机视觉技术的典型应用之一。计算机视觉技术可以自动检测和跟踪路面上的车辆，识别车辆的车牌信息、车辆的车型信息以及驾驶员的人脸信息等。另外，计算机视觉技术还可以自动识别驾驶员的行为，例如，是否在开车时打电话等危险行为。计算机视觉在智能交通中的典型应用如图1-8所示。这些信息可以应用于交通违章检测、不停车收费、拥堵费征收、套牌车辆检测、代替消除违章检测以及开车打电话违章行为检测等领域，可以极大程度地方便人们的出行并提高交通的安全程度。

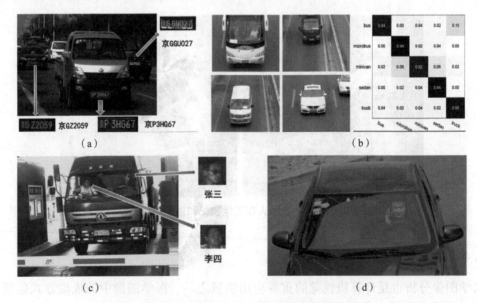

图1-8　计算机视觉在智能交通中的典型应用

(a) 车牌识别；(b) 车型识别；(c) 驾驶员识别；(d) 打电话行为识别

　　此外，自动驾驶和辅助驾驶也是计算机视觉在智能交通中的重要应用。谷歌的无人车使用相机、雷达感应器和激光测距机来"看"路面的交通状况，从而实现自动驾驶，而辅助驾驶则是通过在车身四周安装摄像机等传感器来获取周围的环境信息，对驾驶员进行提醒和辅助。自动驾驶与辅助驾驶如图1-9所示。

（a）　　　　　　　　　　　　　　　（b）

图1-9　自动驾驶与辅助驾驶

（a）谷歌的无人车；（b）MobileEye公司的辅助驾驶系统

1.4.4　智能监控

　　目前，监控摄像头已经遍布世界的各个角落，每天都可以获得海量的监控数据，若依靠人工来分析这些数据，则会耗费大量的人力物力，而且效率极低，因此通过计算机视觉技术来自动分析监控数据（包括疑犯搜索、重点区域监控、异常行为检测等领域）具有广泛的应用前景。异常行为检测如图1-10所示。

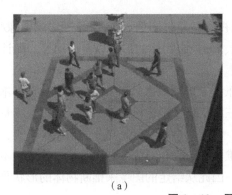
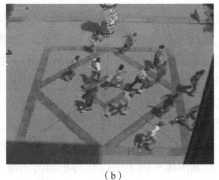

（a）　　　　　　　　　　　　　　　（b）

图1-10　异常行为检测

［图片引自R. Mehran（2009）］

（a）正常行为；（b）异常行为

1.4.5　日常应用

　　计算机视觉技术已经应用到了人们生活的各个方面。例如，现在的相机基本都带有人脸检测功能，可以自动检测人脸并自动调整焦距，从而可以获得清晰的人脸图像。此外，很多相机还带有微笑抓拍的功能，即自动检测人是否在笑，若检测到笑容则进行自动抓拍。苹果电脑的MacOS操作系统中的Iphoto软件提供了根据人脸来整理照片的功能，即自动检测每张照片中的人脸，并可以自动地将某个人的照片进行收集和整理。此外，目前的电脑和手机大多也提供了通过人脸识别登录的功能，而且，很多体感游戏可以让用户通过手势来与系统进行交互，以获得更好的游戏体验。计算机视觉在生活中的各种应用如图 1－11 所示。

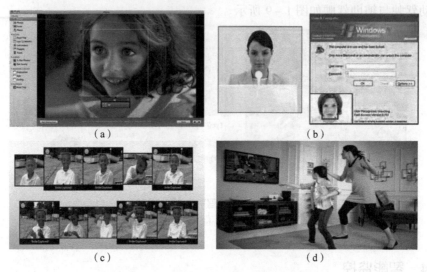

图 1－11　计算机视觉在生活中的各种应用

（a）根据人脸整理照片；（b）人脸识别登录；（c）微笑自动抓拍；（d）基于手势和动作进行交互

1.5　计算机视觉面临的挑战

　　计算机视觉面临着非常大的挑战。计算机视觉是通过图像/视频来推断影响图像/视频的因素的。例如，摄像机的模型、场景中的光照、场景中物体的形状以及运动等，即计算机视觉是成像过程的逆过程，其中充满了不确定性。

　　对于计算机视觉中的三维重建，即基于场景的二维图像恢复场景的三维信息，其本身是一个病态问题。一幅场景的二维图像是由场景的三维信息、摄像机的模型和参数以及场景光照等条件共同确定的。三维场景投影为二维图像后，深度信息和不可见部分的信息将丢失，因此给定一幅场景图像，从理论上可以有无穷多的三维场景与之相对应。如图 1－12 所示，不同形状的物体投影到图像平面上可以获得相同的图像，因此从给定的图像来推断物体的形状是非常困难的。

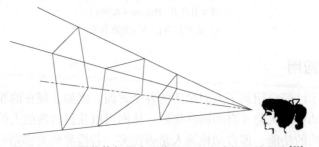

图 1－12　不同物体投影在图像平面上生成相同的图像[33]

　　计算机视觉中的物体识别也是非常困难的问题。同一个物体在不同的光照、视角、姿态下的外观差别可能会很大（类内差异大），而不同物体间的外观差异则可能较小（类间差异小），这使物体识别问题变得非常困难。物体识别面临的困难如图 1 - 13 所示。

图 1 - 13　物体识别面临的困难[155]

（a）类内差异大；（b）尺度变化；（c）背景复杂

思考题

　　1. 除书中提到的应用外，计算机视觉还可以应用在什么领域？

　　2. 夏天打蚊子时，蚊子停在某个地方时是不容易被发现的，而蚊子在飞行过程中则是比较容易被发现的，这是什么原因？

　　3. 由于不同椅子的外观差别很大，因此人们对其的识别非常困难。那么除了外观，还有没有其他线索可以辅助人们识别椅子？

　　4. 除常见的相机和摄像机外，还有哪些成像设备？

　　5. 计算机视觉领域中的学术会议和学术期刊上的论文有哪些区别？

　　6. 请通过计算机视觉的发展历史思考计算机视觉未来的趋势。

第 2 章
图像的形成

图像的形成主要研究从三维场景到二维图像的形成过程，其中涉及视觉传感器（相机）的性质。从几何角度来说，包括相机模型以及镜头；从物理角度来说，包括焦距以及传感器的动态范围。此外，场景的性质（包括场景中的光照，场景的材质和颜色，运动以及形状等）也会对所形成的图像有很大的影响。本章主要研究相机模型和场景性质对图像形成的影响。

人们使用相机等成像设备可以拍摄场景图像，如图 2 - 1 所示。那么场景中的一点（如图像中人物的眼睛）在图像上的位置是如何确定的？场景中该点在图像上的亮度又是如何确定的？成像几何学和成像物理学可以分别解释这两个问题。

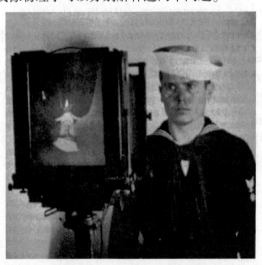

图 2 - 1　使用相机拍摄图像

[图片引自 Forsyth 等（2002）]

2.1　成像几何学

成像几何学是研究在成像过程中，场景中一点在图像上投影点的坐标确定原因的学科。成像几何学涉及相机的成像模型和坐标系之间的转换问题。

2.1.1　成像模型

相机的成像模型包括透视投影、弱透视投影以及正交投影等。其中，透视投影是比较常用的成像模型。

针孔成像模型是被广泛使用的一种透视投影模型。在针孔成像模型中，相机可以看作是一个盒子，其中一面上有一个小孔。场景中的光线通过小孔到达盒子背面的成像平面上，形成一个倒立的像，如图 2-2 所示。在理想情况（即小孔足够小，只允许一条光线通过的情况）下，成像平面上的每个点只能接收到一个方向上照射过来的光线，即只能接收该成像点与小孔连线方向上的光线。有时为了方便，也会使用小孔前面的一个虚拟成像平面来描述成像过程。

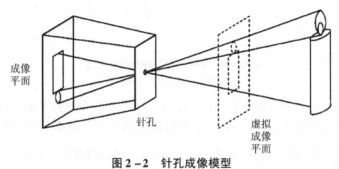

图 2-2　针孔成像模型

针孔成像模型中所成的像具有以下两个特点：

（1）远小近大。即距离摄像机较远的物体所成的像则比较小，而距离摄像机较近的物体所成的像则比较大，如图 2-3 所示。场景中的物体 B 比物体 C 大，而物体 B 距离相机比物体 C 远，最终物体 B 和物体 C 在成像平面上所成的像具有相同的大小；物体 A 和物体 C 具有相同的大小，而物体 A 距离相机比物体 C 远，最终，物体 A 所成的像比物体 C 所成的像小。

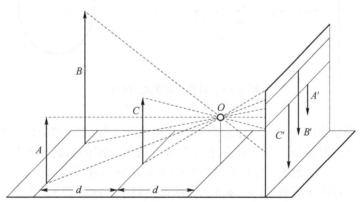

图 2-3　透视投影所成的像具有远小近大的特点

［图片引自 Forsyth 等（2002）］

（2）平行线相交。在现实世界中，两条平行线是不会相交的，但是在针孔模型下所成的像中，两条平行线会相交在无穷远点。一组平行线确定了一个方向，同一方向的平行线相交于同一点，而在一个平面上的不同方向的平行线相交于不同的点，但这些交点位于同一条直线上，则该直线为这个平面的地平线。透视投影下平行线的相交如图 2-4 所示。

图 2-5 所示为针孔模型的成像过程。其以摄像机光心作为坐标系的原点，经过光心垂直于成像平面的直线作为 k 轴，i 轴和 j 轴所形成的平面与成像平面平行来建立摄像机坐标系。需要注意的是，如果改变了坐标系，那么下述成像过程将不再成立。设 P 为场景中一

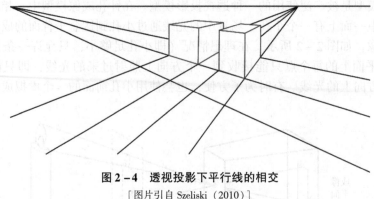

图 2－4　透视投影下平行线的相交

[图片引自 Szeliski（2010）]

点，其在摄像机坐标系下的三维坐标为(x,y,z)。P'为P点在成像平面上所成的像，其在摄像机坐标系下的三维坐标为(x',y',z')。f为摄像机的焦距。根据相似三角形的性质，可以得到$(x,y,z) \rightarrow \left(\dfrac{fx}{z}, \dfrac{fy}{z}, f\right)$，由于成像平面上的点的$z$坐标都相同，均为$f$（如果改变参考坐标系，那么这一条可能就不再成立），因此可以略去第三维的坐标，得到式（2－1）。

$$(x,y,z) \rightarrow \left(f\frac{x}{z}, f\frac{y}{z}\right) \tag{2－1}$$

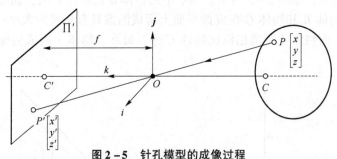

图 2－5　针孔模型的成像过程

[图片引自 Forsyth 等（2002）]

上述成像过程是使用笛卡儿坐标来表示的。笛卡儿坐标（欧式坐标）用于描述二维和三维几何非常适合，但是笛卡儿坐标却不适合处理透视空间的问题（实际上，欧氏几何是透视几何的一个子集）。例如，二维平面上点的笛卡儿坐标可以表示为(x,y)。如果该点位于无穷远处，这个点的坐标将是(∞,∞)。在欧氏空间中，这种表示无法区分不同的无穷远点。设二维平面上一点的坐标为$(1,2)$，沿着原点$(0,0)$与点$(1,2)$的连线所形成的方向向无穷远处移动，所得到的无穷远点的坐标为(∞,∞)。设平面上另一点的坐标为$(1,3)$，沿着原点$(0,0)$与点$(1,3)$的连线所形成的方向向无穷远处移动，所得到的无穷远点的坐标依然是(∞,∞)。不同组的平行线相交于不同的无穷远点，但是由于在欧式坐标下，这些无穷远点的坐标都一样，因此无法区分不同的无穷远点。数学家们发明了一种方式来解决这个问题，即使用齐次坐标。

简单来说，齐次坐标就是用$N+1$维的坐标来代表N维空间中的点。可以在一个二维笛卡儿坐标后面加上一个额外的变量w来形成二维齐次坐标，即一个二维点(X,Y)，使用齐次坐标表示就是(x,y,w)，并且有$X=x/w$，$Y=y/w$。例如，笛卡儿坐标系下点$(1,2)$的齐次坐标可以表示为$(1,2,1)$。如果点$(1,2)$沿着原点$(0,0)$与该点的连线所形成的方向移动到无限远处，那么使用齐次坐标可以表示为(1,2,0)。由于(1/0,2/0) = (∞ ,∞)，而点(1,3)沿着原点(0,0)与该点的连线所形成的方向移动到无限远处，使用齐次坐标可以表示为(1,3,0)，因此，可以使用齐次坐标来描述不同的无穷远点。

对于齐次坐标来说，$k \times (X,Y,Z)$和(X,Y,Z)是等价的，同样，$k \times (X,Y,Z,T)$和(X,Y,Z,T)也是等价的。使用齐次坐标的另一个好处是可以将式（2 - 1）描述的成像过程用矩阵方式来表示，如式（2 - 2），便于后续的表示和计算。

$$\begin{pmatrix} U \\ V \\ W \end{pmatrix} = \begin{pmatrix} 1 & 0 & 0 & 0 \\ 0 & 1 & 0 & 0 \\ 0 & 0 & 1/f & 0 \end{pmatrix} \begin{pmatrix} X \\ Y \\ Z \\ T \end{pmatrix} \qquad (2-2)$$

其中(X,Y,Z,T)为三维场景点的齐次坐标，(U,V,W)为二维图像点（省略了第三维坐标）的齐次坐标。

上述成像过程是在摄像机坐标系下进行的，而在实际应用中，往往需要在一个公共参考坐标系下进行。例如，当使用两台相机拍摄场景的两幅图像来恢复场景的三维信息时，需要联立两个成像公式来求解场景点的三维坐标。

$$p_1 = M_1 P_1, \quad p_2 = M_2 P_2 \qquad (2-3)$$

式中，P_1，P_2分别为场景中的点P在摄像机 1 和摄像机 2 坐标系下的坐标；p_1，p_2为点P在图像 1 和图像 2 上所成的像的坐标；M_1，M_2为式（2 - 2）中的 3 × 4 的投影矩阵。则如果已知图像上点的坐标p_1，p_2，投影矩阵M_1，M_2，并且$P_1 = P_2$，即在同一个坐标系下描述成像过程，就可以联立式（2 - 3）中的两个公式来求解点P的三维坐标。

若每台相机的成像公式都是在其各自的摄像机坐标系下进行的，则场景点P在相机 1 坐标系下的三维坐标和其在相机 2 坐标系下的三维坐标是不同的，即$P_1 \neq P_2$，无法联立式（2 - 3）中的两个成像公式来求解场景点的三维坐标。

因此，研究相机的成像过程一般在一个公共参考坐标系下进行。这个参考坐标系称为世界坐标系。世界坐标系不但可以任意进行设定，而且也可以设定为与摄像机坐标系重合。例如，在上面的例子中，可以将世界坐标系设定为相机 1 的坐标系。此时，对于相机 2 来说，就要在世界坐标系（相机 1 的坐标系）中来进行成像了。

当相机坐标系与世界坐标系不同时，可以通过旋转 R 和平移 T（即相机的外部参数）来将相机坐标系与世界坐标系对齐。相机的内部参数包括焦距、主点和纵横比等。

针孔成像模型是一种透视投影模型，比较符合实际成像的过程并得到了广泛的应用。另外，两种成像模型为弱透视投影模型和正交投影模型。弱透视投影模型适用于场景近似一个平面且距离摄像机较远的情况，是对实际成像过程的一种粗略近似；而正交投影模型使用平行于光轴的光将场景投影到图像平面。弱透视投影和正交投影的成像过程分别如图 2 - 6 和图 2 - 7 所示。

针孔相机的孔径（即小孔的大小）对成像的效果有着很大的影响。当孔径过小时，会发生衍射现象（光波遇到障碍物时偏离原来的方向进行传播的物理现象），使所成的像变得模糊；当孔径过大时，到达成像平面上某一点的光线是由多个方向的光叠加在一起形成的，也会使所成的像变得模糊。孔径大小对于成像的影响如图 2 - 8 所示。总的来说，针孔相机所成的像都是比较暗的，这是由于对于图像上的一点，只有少量的光线可以到达该点。而使

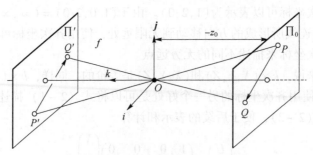

图 2 - 6　弱透视投影的成像过程[128]

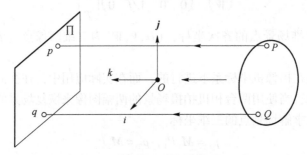

图 2 - 7　正交投影的成像过程

［图片引自 Forsyth 等（2002）］

用镜头可以使图像上的一点收集其对应的场景中的点发出的更多的光线，从而使所成的像比较明亮。镜头的效果如图 2 - 9 所示。

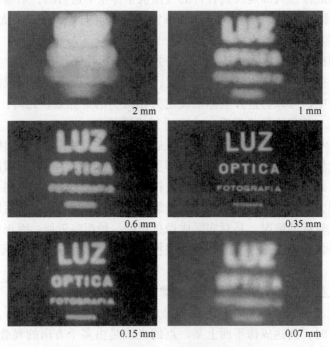

2 mm	1 mm
0.6 mm	0.35 mm
0.15 mm	0.07 mm

图 2 - 8　孔径大小对于成像效果的影响

［图片引自 Forsyth 等（2002）］

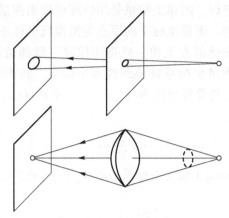

图 2 - 9　镜头的效果

2.1.2　摄像机参数

首先介绍四个坐标系，即世界坐标系（World Coordinate System，WCS）、摄像机坐标系（Camera Coordinate System，CCS）、图像坐标系（Image Coordinate System，ICS）和像素坐标系（Pixel Coordinate System，PCS），如图 2 - 10 所示。

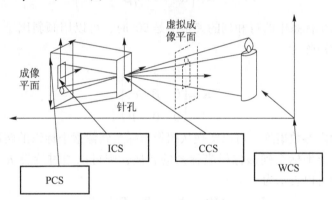

图 2 - 10　四个坐标系

其中，世界坐标系可以任意设定。摄像机坐标系以摄像机光心作为坐标系的原点，经过光心垂直于成像平面的直线（光轴）作为 k 轴，i 轴和 j 轴所形成的平面与成像平面平行。图像坐标系以摄像机光轴与成像平面的交点为原点，i 轴和 j 轴与摄像机坐标系的 i 轴和 j 轴平行。像素坐标系一般以成像平面的左上角为原点。

成像过程实际上就是将场景中某一点在世界坐标系下的坐标 (X, Y, Z) 转换到像素坐标系下的像素坐标 (u, v) 的过程。上节中介绍过的针孔模型的成像过程其实就是从摄像机坐标系到图像坐标系的转换。设 P 为场景中一点，其在摄像机坐标系下的坐标为 (x, y, z)，则 P 通过针孔成像模型所成的像在图像坐标系下的坐标 (m, n) 可以通过式（2 - 1）得到，即

$$m = \frac{fx}{z}, \quad n = \frac{fy}{z} \tag{2 - 4}$$

图像坐标系其实也是一个三维坐标系，只不过图像坐标系中的所有点的第三维坐标都

相同，因此省略了第三维坐标。图像坐标系是用物理单位来衡量的，（如 m 或 cm），而像素坐标系是用像素来衡量的。图像坐标系的原点为摄像机坐标系的 k 轴与图像的交点，而像素坐标系的原点一般在图像的左上角。处理图像时一般都是使用像素来度量图像上一点的坐标，因此，需要从图像坐标系转换到像素坐标系。转换时首先考虑偏移。设摄像机坐标系的 k 轴与图像交点的像素坐标为 (c_x, c_y)，则 P 点 (x, y, z) 所成的像在像素坐标系中的坐标为

$$(x, y, z) \rightarrow \left(f\frac{x}{z} + c_x, f\frac{y}{z} + c_y \right) \qquad (2-5)$$

即图像坐标系上的 $(0,0)$ 点对应于像素坐标系中的 (c_x, c_y)。此外，可以将物理单位（m）和像素单位进行转换

$$(x, y, z) \rightarrow \left(fk\frac{x}{z} + c_x, fl\frac{y}{z} + c_y \right) \qquad (2-6)$$

其中 k，l 分别表示水平方向和垂直方向上单位距离内像素的个数（pixel/m），焦距的单位是 m。对于正方形的像素，k，l 的值相同。假设 $k = l = 1\,000$，则表示水平和垂直方向上每米包含 1 000 个像素，而图像坐标系上的 $(1,1)$，则对应于像素坐标系上的 $(1\,000, 1\,000)$。

使用 α，β 来表示 fk 和 fl，可得

$$(x, y, z) \rightarrow \left(\alpha\frac{x}{z} + c_x, \beta\frac{y}{z} + c_y \right) \qquad (2-7)$$

此外，当像素坐标系中的行和列的夹角不是 90° 时，可以用倾斜因子 s 来表示，从而得到摄像机的内参数矩阵为

$$\boldsymbol{K} = \begin{pmatrix} \alpha & s & c_x \\ 0 & \beta & c_y \\ 0 & 0 & 1 \end{pmatrix} \qquad (2-8)$$

使用摄像机的内参数矩阵，可以实现从图像坐标系到像素坐标系的转换。

若要实现从世界坐标系到摄像机坐标系的转换，则可以通过旋转 R 和平移 T 来实现，从而整个成像过程可以表示为

$$\boldsymbol{P}'_{3 \times 1} = M P_w = \boldsymbol{K}_{3 \times 3} \begin{bmatrix} \boldsymbol{R} & \boldsymbol{T} \end{bmatrix}_{3 \times 4} \boldsymbol{P}_{w4 \times 1} \qquad (2-9)$$

其中，K 为摄像机的内参数矩阵；R 和 T 为摄像机的外参数；M 为 3×4 的投影矩阵，$\boldsymbol{P}_{w4 \times 1}$ 为空间中点 P 在世界坐标系下的齐次坐标，$\boldsymbol{P}'_{3 \times 1}$ 为点 P 所成的像在像素坐标系下的齐次坐标。

2.1.3　摄像机标定

摄像机标定即求解摄像机内外参数的过程。摄像机标定可以分为使用标定物的传统标定方法和不使用标定物而仅根据场景中的信息进行标定的自标定方法以及基于摄像机特定运动的主动视觉方法。

2.1.3.1　直接线性变换方法

使用标定物的传统标定方法的基本思想是使用精确的已知形状和大小的三维标定装置来进行的。将标定装置放置在摄像机的视场中，通过标定装置上已知的三维点坐标和图像上对应的特征点的像素坐标之间的对应关系来求解摄像机的投影矩阵，进而求解摄像

机的内外参数，如图 2 - 11 所示。若以标定物的一个顶点为世界坐标系的原点建立世界坐标系，则可以准确地得知标定物上各点在世界坐标系下的坐标。拍摄图像后，可得图像上各点的像素坐标，从而可以通过式（2 - 9）来求解摄像机的投影矩阵，进而求解摄像机的内外参数。

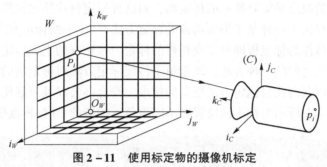

图 2 - 11　使用标定物的摄像机标定

[图片引自 Forsyth 等（2002）]

最直接的标定方法是直接线性变换（Direct Linear Transformation，DLT）方法[48]。设空间中某一点(X_w, Y_w, Z_w)投影到图像平面所成的像的像素坐标为(u, v)，则其成像过程为

$$s \begin{pmatrix} u \\ v \\ 1 \end{pmatrix} = \boldsymbol{K}(\boldsymbol{R} \quad \boldsymbol{T}) \begin{pmatrix} X_w \\ Y_w \\ Z_w \\ 1 \end{pmatrix} = \boldsymbol{P}_{3 \times 4} \begin{pmatrix} X_w \\ Y_w \\ Z_w \\ 1 \end{pmatrix} \tag{2-10}$$

未知的尺度因子 s 是由于把空间点在世界坐标系下的齐次坐标的最后一维设为 1，把其所成的像在像素坐标系下的齐次坐标的最后一维也设为 1 引出的。将方程展开，可得

$$su = p_{11}X_w + p_{12}Y_w + p_{13}Z_w + p_{14} = 0$$
$$sv = p_{21}X_w + p_{22}Y_w + p_{23}Z_w + p_{24} = 0 \tag{2-11}$$
$$s = p_{31}X_w + p_{32}Y_w + p_{33}Z_w + p_{34} = 0$$

经过推导可得

$$p_{11}X_w + p_{12}Y_w + p_{13}Z_w + p_{14} - (p_{31}X_w + p_{32}Y_w + p_{33}Z_w + p_{34})u = 0$$
$$p_{21}X_w + p_{22}Y_w + p_{23}Z_w + p_{24} - (p_{31}X_w + p_{32}Y_w + p_{33}Z_w + p_{34})v = 0 \tag{2-12}$$

已知一个空间点的世界坐标和其对应的像素坐标，可以建立如式（2 - 12）的两个方程，当已知 N 个点时，可以建立 2N 个方程，从而可以求解投影矩阵。设 $\boldsymbol{L}$ 为 12×1 的向量，有

$$[p_{11}, p_{12}, p_{13}, p_{14}, p_{21}, p_{22}, p_{23}, p_{24}, p_{31}, p_{32}, p_{33}, p_{34}]^{\mathrm{T}}$$

设 $\boldsymbol{A}$ 为 $2N \times 12$ 的矩阵，形式为

$$\begin{matrix} X_{w1} & Y_{w1} & Z_{w1} & 1 & 0 & 0 & 0 & 0 & -u_1 X_{w1} & -u_1 Y_{w1} & -u_1 Z_{w1} & -u_1 \\ 0 & 0 & 0 & 0 & X_{w1} & Y_{w1} & Z_{w1} & 1 & -v_1 X_{w1} & -v_1 Y_{w1} & -v_1 Z_{w1} & -v_1 \\ & & & & & \cdots\cdots & & & & & & \\ X_{wn} & Y_{wn} & Z_{wn} & 1 & 0 & 0 & 0 & 0 & -u_n X_{wn} & -u_n Y_{wn} & -u_n Z_{wn} & -u_n \\ 0 & 0 & 0 & 0 & X_{wn} & Y_{wn} & Z_{wn} & 1 & -v_n X_{wn} & -v_n Y_{wn} & -v_n Z_{wn} & -v_n \end{matrix}$$

可得

$$\boldsymbol{AL} = 0 \tag{2-13}$$

从理论上来说，只需要 6 个点就可以解出投影矩阵的各个参数。在实际应用时，一般是通过使用更多的点，通过优化的方法得到更加精确的计算结果。得到投影矩阵后，可以分解投影矩阵获取摄像机的内外参数[51]。

2.1.3.2 基于平面约束的标定方法

上述标定方法的缺点是需要特定的标定物，而这种标定物往往比较昂贵，而且不便于使用。为此，张正友提出了一种基于平面约束的标定方法[49]（平面标定方法），只需使用打印在纸上的棋盘格图像作为标定板即可实现相机的标定。张正友的平面标定方法是介于传统标定方法和自标定方法之间的一种方法，既避免了传统标定方法对标定物的精度要求高，操作烦琐等缺点，又可以获得比自标定方法更高的精度。符合办公以及家庭使用的桌面视觉系统的标定要求。图 2 – 12 所示为在不同位置和不同视角下拍摄的 20 幅棋盘格图像。

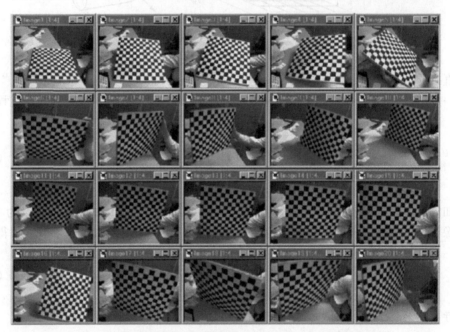

图 2 – 12　在不同位置和不同视角下拍摄的 20 幅棋盘格图像

假设标定板平面在世界坐标系 $Z=0$ 的平面上，则

$$s\begin{pmatrix}u\\v\\1\end{pmatrix}=K\begin{bmatrix}r_1 & r_2 & r_3 & t\end{bmatrix}\begin{pmatrix}X\\Y\\0\\1\end{pmatrix}=K\begin{bmatrix}r_1 & r_2 & t\end{bmatrix}\begin{pmatrix}X\\Y\\1\end{pmatrix} \qquad (2-14)$$

其中，(u,v) 为像素坐标；(X,Y,Z) 为世界坐标系下的坐标。使用棋盘格上各个方格的顶点作为标定时使用的点。这些顶点的坐标可以通过测量得到，每个方格的大小是相同的，仅需测量方格的大小。选择棋盘格的左上角（右下角）作为世界坐标系的原点，并使世界坐标系的 x 轴和 y 轴与棋盘格的水平和垂直方向平行，就可以通过计算得到方格每个顶点在世界坐标系下的坐标。方格顶点所成的像的像素坐标可以通过检测角点或者直线的交点来获得。令

$$H=\begin{bmatrix}h_1 & h_2 & h_3\end{bmatrix}=\lambda K\begin{bmatrix}r_1 & r_2 & t\end{bmatrix} \qquad (2-15)$$

H 为成像平面和标定板平面之间的单应矩阵。通过对应的点对（图像上的角点的像素坐标以及对应点棋盘格上顶点的世界坐标）可以解得 H，而通过式（2-15）可得

$$r_1 = \frac{1}{\lambda} K^{-1} h_1, \ r_2 = \frac{1}{\lambda} K^{-1} h_2 \tag{2-16}$$

由于 $R = [r_1, r_2, r_3]$ 为旋转矩阵，而旋转矩阵是正交矩阵（证明略）。正交矩阵具有以下性质：其任意两个行（列）向量是两两正交的单位向量。根据正交矩阵的性质可得 $r_1 \cdot r_2 = 0$，从而得到

$$h_1^T K^{-T} K^{-1} h_2 = 0 \tag{2-17}$$

根据正交矩阵的性质 $|r_1| = |r_2| = 1$，可得

$$h_1^T K^{-T} K^{-1} h_1 = h_2^T K^{-T} K^{-1} h_2 \tag{2-18}$$

式（2-17）和式（2-18）中的 K 为未知的摄像机内参数矩阵，h_1，h_2 为求得的单应矩阵的列。在某个位置和视角下拍摄一幅棋盘格图像，可以求出一个单应矩阵，得到关于 K 的两个方程。由于摄像机有 5 个未知内参数，因此当拍摄的图像数目 ≥3 时，就可以线性唯一求解出 K。求出内参数 K 之后，则可以根据下式得到摄像机的外参数，即

$$r_1 = \lambda K^{-1} h_1, \ r_2 = \lambda K^{-1} h_2, \ r_3 = r_1 \times r_2, \ t = \lambda K^{-1} h_3 \tag{2-19}$$

其中

$$\lambda = 1 / \| K^{-1} h_1 \| = 1 / \| K^{-1} h_2 \| \tag{2-20}$$

张正友标定方法的步骤如下：

（1）打印一张棋盘格 A4 纸张（黑白间距已知），并贴在一个平板上。

（2）针对棋盘格拍摄若干张图像，理论上拍摄 3 张图像即可，但实际上为了得到较好的结果，通常需要在不同位置和不同视角下拍摄多张图像。

（3）在图像中检测特征点（角点或者直线的交点）上建立标定板上的方格顶点与图像上特征点的对应关系。

（4）使用式（2-15）~式（2-20）计算得出摄像机的内外参数。

2.2　成像物理学

成像物理学研究的是场景中的点在图像上所成的像的亮度是如何确定的。影响场景中一点所成像的亮度的因素包括场景照明、场景的反射特性以及相机的响应等因素。确定了以上各种因素，就可以确定图像上一点的亮度；反之，则可以从图像的明暗来推理相应的因素。由于图像的明暗存在不确定性，通常只能在一些简化和假设下进行相应的推理。

2.2.1　成像物理模型

光源发出的光（或者从其他物体反射出的光）到达某个物体后，该物体对到达的光进行反射，反射的光通过相机的镜头（如果有的话），到达相机的感光区域（光电耦合器件能感应光线强度），并且被记录下来。这就是图像的成像过程。

相机的感光区域包含了很多像素，每个像素接收场景中一个小块区域所反射的光线并产生响应。根据针孔成像模型，如果孔径足够小，只能通过一道光线，则感光区域上的每一个点也只能接收到一道光线；但实际上，孔径不可能小到只能通过一道光线，同时，感光区域

上的每个像素也是有一定的面积的，因此每个像素是接收场景中一个小块区域所反射的光线，而不是场景中一个点所反射的光线。相机中每个像素产生的响应与到达该像素的光的总量存在线性或者非线性的单调关系，即到达某一像素的光量越多，像素的响应越大，则对应的图像点就越亮，而场景中一个小块区域反射出的光量与照射到该小块区域的光的总量以及该小块区域的反照率有关。

决定某个像素亮度的因素主要包括以下四方面，即相机的亮度响应、物体表面的反射特性、光照和拍摄视角。

2.2.1.1 相机的亮度响应

相机的亮度响应是指拍摄场景的真实亮度与成像后像素亮度之间的关系，即每个像素对不同光量的响应程度。相机的响应分为化学的和电子的。化学的即胶片的成像，是通过胶片上的某种化学反应得到胶片上每一点的亮度。胶片上所形成的亮度与到达胶片的光量之间是非线性的关系。通常来说，场景中较暗的部分所成的像会比实际上的要亮一些，场景中较亮的部分所成的像会比实际上要暗一些，从而可以显示更多的细节。

而电子的响应就是电荷耦合器件（Charge Coupled Device，CCD）或互补金属氧化物半导体（Complementary Metal Oxide Semiconductor，CMOS）等器件对光量的响应。CCD 或 CMOS 可以把光信号转变为电信号并存储起来。数码相机的感光元件 CCD 或者 CMOS 对光线是非常敏感的，同时，它们的线性程度非常好，在非常大的范围内，数码相机感光元件的输出（电压）与亮度呈现良好的线性关系，即

$$I_{\text{camera}}(x) = k I_{\text{patch}}(x) \tag{2-21}$$

但实际上，数码相机的亮度响应曲线并不是一条直线。相机厂商为了更好地模拟人眼视觉的非线性效应，同时，也为了更有效地记录很亮和很暗的场景，会在感光元件的线性输出基础上增加一个非线性变换，然后才输出到图像。

德国心理学家韦伯通过实验发现，人眼对于亮度的识别能力是非线性变化的，在亮度中段的识别能力最强，即感知亮度变化所需的亮度变化量最小，对于很暗和很亮的区域识别能力逐渐减弱，因此给相机的线性响应加上非线性变换，主要是为了充分利用人眼的视觉特性，更好地记录场景信息，以使画面更接近人眼的感官效果。

人眼感知的亮度范围远远超过目前 CCD 所能记录的亮度范围。在一个固定场景中，人眼更多地注意中间亮度的情况，如果中间亮度范围内的对比度足够大，人眼就会觉得画面是通透的；反之，如果中间亮度范围内对比度不足，那么就会觉得画面发灰；因此对于中间亮度部分，应使用线性映射增加中间亮度范围内的对比度，而对于亮部和暗部，则应使用非线性映射，可以部分保留亮部和暗部的信息不缺失。这样，相当于将人眼感受的亮度范围进行分配，为中间亮度分配更多的空间，而亮部和暗部则被分配的空间较少。

2.2.1.2 物体表面的反射特性

物体表面的反射特性是指给定了入射光，有多少入射光被反射出来。当光到达某个表面时，会有很多的现象发生，包括被物体表面吸收、散射、反射以及透射等。例如，有的人可以看见自己手上皮肤下的动脉和静脉，这就是由于光穿透了皮肤，在血管部位发生反射，反射光再次透射皮肤而被人眼看到。如果同时考虑各种现象，那么会使模型过于复杂，因此做出以下简化：

（1）假设物体表面本身不发光（物体是冷的），即离开物体上一点的光是到达该点的光的反射光。

（2）物体的反射模型包括镜面反射、漫反射和两种模型的混合。

理想的镜面反射是指入射光、反射光和表面法向量在同一个平面上，并且入射角（入射光与法向量的夹角）与出射角（反射光与法向量的夹角）相等。在实际情况中，反射光与法向量的夹角与理想出射角会有少许的不同，会呈锥状反射出去。因此镜面在出射角方向上看起来非常亮，这是由于大部分的光线都从这个方向被反射出来而造成的，而在其他的方向上看起来就较暗。镜面的反照率是出射光与入射光的比率。

在漫反射模型下，反射光在各个方向上被均匀地反射出去。在漫反射模型下，物体从各个角度上看亮度都是一样的。漫反射模型下的反照率也是出射光与入射光的比率，通常情况下，反照率是很小的。离开物体的光的总量为反照率乘以入射光的总量，从而存在一定的不确定性，即暗的图像可能是由于反照率较低而造成的，但也可能是由于入射光（照明）过暗造成的。

实际场景中的大部分物体都可以用"镜面反射模型 + 漫反射模型"来表示。此时，物体表面的参数包括镜面反照率和漫反照率。各种反射模型的效果如图 2 - 13 所示。

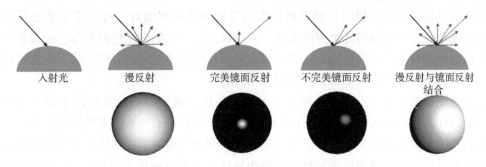

图 2 - 13　各种反射模型的效果

2.2.1.3　光照

场景的光照决定了有多少入射光到达场景。若光源距离物体较远，则光源发出的光可以看作是平行到达物体表面的。物体接收到的光的总量是与到达物体表面的光线的强度和数目成正比的。光照方向与阴影如图 2 - 14 所示。假定光线的强度相同（图 2 - 14 （a）），同一物体在不同的朝向下接收到的光的总量也是不同的，从而其明暗程度也不同。若物体表面法向量与光源方向的夹角为 θ，则物体表面接收到的光的总量与 $\cos \theta$ 成正比，因此光源的强度和位置都会对物体接收到的光的总量产生影响。

当物体上的某一点看不到光源时，这一点就处在阴影中，如图 2 - 14 （c）所示。可以根据明暗来推断场景的光照方向。多数阴影其实并不是纯黑的，这是因为阴影处的点可以从除光源之外的其他地方接收到光照。如图 2 - 14 （b）所示，可以推断出光源的大致方向。

光源可以分为点光源和面光源。面光源相对于点光源来说，其面积更大，典型的面光源包括天空、室内的白墙等。在面光源下，阴影可以分为本影和半影。半影是指可以看到部分面光源的阴影部分，而全影则是指完全看不到面光源的阴影部分。

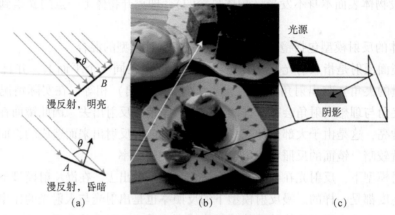

图 2 – 14　光照方向与阴影

[图片引自 Forsyth 等（2002）]

（a）相同光照下，物体的不同朝向导致明暗不同；（b）通过物体的明暗可以推断场景中的光照方向；

（c）阴影的形成

2.2.1.4　拍摄视角

物体的反射模型包括镜面反射和漫反射以及两种模型的混合。对于完全是漫反射的物体，拍摄视角并不会影响物体上点的亮度。对于镜面反射和混合反射的物体，拍摄视角对于物体上点的明暗有着很大的影响，如果相机在镜面反射的出射光的方向拍摄，那么所成的像则较亮，而若从其他的方向拍摄，所成的像则较暗。

总的来说，图像上一点（对应场景中的一个小块区域）的明暗是由该小块区域接收到的光的总量和从该小块区域反射到相机的光的总量以及相机的灵敏度来共同决定的。该小块区域接收到的光的总量由光源的强度和位置决定，即由光源决定；从该小块区域反射到相机的光的总量由该小块区域的反射特性以及该小块区域与相机的相对朝向决定，因此图像上一点的明暗存在着非常大的不确定性，其比较暗可能是由于光照较暗（到达物体的光少），也可能是由于物体的反照率比较低（反射的光少），甚至还有可能是由于相机不太灵敏造成的。

2.2.2　光度立体

光度立体（Photometric Stereo）可以通过拍摄一个物体在不同光照下的多幅图像来恢复物体的形状。此处，使用正交成像模型来进行描述，即空间中一点 (x, y, z) 所成的像的位置为 (x, y)。用 $(x, y, f(x, y))$ 来表示物体的表面，称作 Monge（法国的一个名为 Monge 的军事工程师首先采用这种方法来表示表面）表面。假设固定相机和物体，光源距离物体的距离远大于物体的尺寸，只改变光源拍摄一系列的图像，物体表面是朗伯表面（或者镜面反射的部分已经被去除）。不同光照下拍摄的五幅图像如图 2 – 15 所示。

设 B 为到达图像上一点的辐照，S_1 为光源向量，则图像上 (x, y) 处的亮度 $I(x, y)$ 为

$$
\begin{aligned}
I(x, y) &= kB(x) \\
&= kB(x, y) \\
&= k\rho(x, y)N(x, y) \cdot S_1 \\
&= g(x, y) \cdot V_1,
\end{aligned}
$$
$$(2 - 22)$$

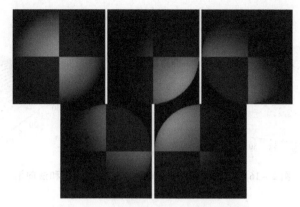

图 2 – 15　不同光照下拍摄的五幅图像

[图片引自 Forsyth 等（2002）]

$$g(x,y) = \rho(x,y)N(x,y)$$

其中，$V_1 = k\,S_1$，k 为常数，表示相机的敏感程度。可以看出，$g(x,y)$ 表示的是物体的信息，包括物体表面的反照率和表面法向量，V_1 表示的是光源和相机的信息。由于采用的是正交成像模型，因此图像点的 (x,y) 和场景点的 (x,y) 是相同的。

可以固定物体和相机，改变光源来拍摄多幅图像，其中光源的信息可以通过拍摄已知物体（已知反照率和法向量）来获得或通过其他方式来获得。假设拍摄了 n 幅不同光照下的图像，将所有的 V_i 叠加起来则可以得到如下矩阵：

$$v = \begin{pmatrix} V_1^{\mathrm{T}} \\ V_2^{\mathrm{T}} \\ \cdots \\ V_n^{\mathrm{T}} \end{pmatrix} \qquad (2-23)$$

将图像上每一点的亮度也叠加起来，形成向量

$$i(x,y) = \left[I_1(x,y), I_2(x,y), \cdots, I_n(x,y) \right]^{\mathrm{T}} \qquad (2-24)$$

对于每个像素，都对应一个向量，包含了在不同光照下的该像素的亮度信息，从而可以得到

$$i(x,y) = vg(x,y) \qquad (2-25)$$

通过求解方程可以求得 $g(x,y)$，然后可以得到物体的反照率 $\rho(x,y) = |g(x,y)|$ 以及表面单位法向量 $N(x,y) = g(x,y)/|g(x,y)|$。图 2 – 16 所示为通过光度立体求解物体表面反照率和法向量分别显示了解出的 $g(x,y)$，$\rho(x,y)$ 以及 $N(x,y)$。

解出 $N(x,y)$ 之后，$N(x,y)$ 也可以表示为

$$N(x,y) = \frac{1}{\sqrt{1 + \dfrac{\partial f^2}{\partial x} + \dfrac{\partial f^2}{\partial y}}} \left[\frac{\partial f}{\partial x}, \frac{\partial f}{\partial y}, 1 \right]^{\mathrm{T}} \qquad (2-26)$$

通过上式可以求解出 $f(x,y)$，从而得到物体表面的深度信息。一般来说，无法求得深度的绝对数值，而只能求出表面各点深度的相对值。具体求解方法可以参考编号为 [128] 的参考文献。

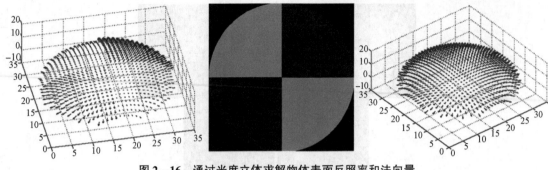

图 2 – 16　通过光度立体求解物体表面反照率和法向量

[图片引自 Forsyth 等（2002）]

2.2.3　高动态范围图像

真实世界的亮度范围要远远超过相机的处理能力。以灰度图像为例，灰度图像只能表示256 个亮度级别，而真实世界的亮度级别则要比 256 数值大得多。高动态范围成像（High Dynamic Range Imaging，简称 HDR 或 HDRI）是用来实现比普通图像具有更大曝光范围，即更大的明暗差别的一种技术。高动态范围成像的目的是要正确地表示真实世界中从太阳光直射（最亮）到最暗的阴影这样大的亮度范围，即相机能够拍摄出的明暗层次更多，能够更加客观地表示真实世界。

高动态范围图像可以通过硬件或软件的方法来生成。基于硬件的方法是通过特殊设计的设备来直接获取高动态范围图像。其优点是所成的像直接就是高动态范围图像，不需要后续的处理；缺点是成本高，硬件改造难度大。基于软件的方法是通过不同的曝光时间拍摄同一场景的多幅图像，通过所拍摄的多幅图像生成高动态范围图像。

基于相机响应函数（Camera Response Function，CRF）的辐照度重建[44]方法对场景拍摄多幅曝光时间不同的图像，利用多幅曝光时间不同的图像信息计算相机的响应函数，通过响应函数逆运算得到场景的相对辐照度，用以合成高动态范围图像。

基于相机响应函数的辐照度重建方法的输入是同一场景的采用不同曝光时间拍摄的多幅图像。拍摄时相机的位置固定，场景是静态场景，且拍摄过程足够快，从而可以忽略拍摄过程中场景的亮度变化。在多次曝光成像中，假设第 j 次曝光时间为 Δt_j，第 i 个像素接收到的场景辐照度为 E_i，获得的第 j 幅图像中的第 i 个像素的像素值为 Z_{ij}，则相机的响应函数为

$$Z_{ij} = f(E_i \Delta t_j) \qquad\qquad (2-27)$$

假设 f 是单调连续的（即函数 f 是可逆的），可得

$$f^{-1}(Z_{ij}) = E_i \Delta t_j \qquad\qquad (2-28)$$

两边取对数可得

$$\ln f^{-1}(Z_{ij}) = \ln E_i + \ln \Delta t_j \qquad\qquad (2-29)$$

使用 $g = \ln f^{-1}$ 来简化表示，可得

$$g(Z_{ij}) = \ln E_i + \ln \Delta t_j \qquad\qquad (2-30)$$

在式（2 – 30）中，已知的量为 Z_{ij} 和 Δt_j，待求解的是 E_i 和 g。由于像素值的取值范围有限，且为离散值。例如，灰度图像像素值只能取 0 ~ 255 区间内的整数，因此求解 g 只需要

求出 $g(z)$ 的有限个函数值。优化下面的式子可以求解每个像素上的 E_i 和 $Z_{\max} - Z_{\min} + 1$ 个 g 的函数值

$$\mathcal{O} = \sum_{i=1}^{N} \sum_{j=1}^{P} \left[g(Z_{ij} - \ln E_i - \ln \Delta t_j) \right]^2 + \lambda \sum_{z=Z_{\min}+1}^{Z_{\max}-1} g''(z)^2 \tag{2-31}$$

其中 $Z_{\max}$ 和 $Z_{\min}$ 分别为像素值的最大和最小值。公式中第一项是确保所求出的解满足公式 (2-30)，第二项是平滑项，用以保证 g 是平滑的，λ 为权重。

此外，在过度曝光和曝光不足的区域，受传感器动态范围及噪声的影响，像素点的输出值往往不够稳定，因此引入权重函数 $w(z)$ 来衡量像素值的可信程度，以减小边界采样对求解函数 g 的影响。

$$w(z) = \begin{cases} z - Z_{\min}, z \leqslant \dfrac{1}{2}(Z_{\min} + Z_{\max}) \\ Z_{\max} - z, z > \dfrac{1}{2}(Z_{\min} + Z_{\max}) \end{cases} \tag{2-32}$$

加入权重函数后，目标函数变为

$$\mathcal{O} = \sum_{i=1}^{N} \sum_{j=1}^{P} \left\{ w(z_{ij}) \left[g(Z_{ij}) - \ln E_i - \ln \Delta t_j \right] \right\}^2 + \lambda \sum_{z=Z_{\min}+1}^{Z_{\max}-1} \left[w(z) g''(z) \right]^2 \tag{2-33}$$

只要选取足够的采样点，就可以将目标函数转化为一个超定方程组，还可以通过奇异值分解求得包括每个像素上的 E_i 和 $Z_{\max} - Z_{\min} + 1$ 个 g 的函数值的最小二乘解。

解出 g 后，可以得到每个像素处的相对辐照度

$$\ln E_i = g(Z_{ij}) - \ln \Delta t_j \tag{2-34}$$

为了降低图像噪声及饱和像素值的影响，在计算第 i 个像素对应的辐照度时，尽可能地利用第 i 个像素在所有输入图像中的像素值，并使用权重函数 $w(z)$ 来衡量像素值的可信程度，即

$$\ln E_i = \frac{\displaystyle\sum_{j=1}^{P} w(Z_{ij}) \left[g(Z_{ij}) - \ln \Delta t_j \right]}{\displaystyle\sum_{j=1}^{P} w(Z_{ij})} \tag{2-35}$$

其中 P 为拍摄次数。

获得场景的相对辐照度数据后，对于很多的应用就已经足够了。如果想得到绝对辐照度数据，那么可以通过拍摄一个已知辐照度的标定光源，对计算出的相对辐照度进行缩放使其与已知光源的辐照度相同，就可以得到场景的绝对辐照度。此外，还可以通过一些近似的方法来恢复场景的绝对辐照度[45]。

上述方法是针对灰度图像进行处理的，在处理彩色图像时，可以有两种方法。一种方法是分别对 R、G、B 三个颜色通道计算相机响应函数，求出各通道对应的相对辐照度，最后调节比例参数进行白平衡处理；另一种方法是将 RGB 图像转换至 HSV 空间，恢复 V 通道的高动态范围数据。

得到场景的高动态范围图像后，若要将高动态范围图像在普通显示器上进行显示或者进行打印时，则需要进行色调映射（Tone Mapping），将高动态范围图像映射为低动态范

围图像。色调映射原是摄影学中的一个专业术语，因为打印相片或者普通显示器所能表现的亮度范围不足以表现现实世界中的亮度域，而若简单地将真实世界的整个亮度域线性压缩到照片所能表现的亮度域内，则会在明暗两端同时丢失很多细节。色调映射就是为了克服这一情况而提出的。既然相片所能呈现的亮度域有限，则可以根据所拍摄场景内的整体亮度来控制一个合适的亮度域。这样，既能保证细节不丢失，也可以使照片不失真。人的眼睛也是相同的原理，这就是为什么当我们从一个明亮的环境突然进入一个黑暗的环境时，可以从什么都看不见到慢慢适应周围的亮度，所不同的是，人眼是通过瞳孔来调节亮度域的。

整个色调映射的过程是首先根据当前的场景推算出场景的平均亮度，然后再根据这个平均亮度选取一个合适的亮度域，再将整个场景映射到这个亮度域中得到映射后的结果。

首先需要计算出整个场景的平均亮度，有很多种计算平均亮度的方法，目前常用的是使用对数平均（lg - average）亮度作为场景的平均亮度，通过下式可以计算得到：

$$\overline{L}_w = \frac{1}{N}\exp\left(\sum_{x,y} \lg(\delta + L_w(x,y))\right) \tag{2-36}$$

式中，$L_w(x,y)$ 是 (x,y) 处像素点的亮度，N 是场景内的像素总数，δ 是一个很小的数，用来应对像素点纯黑的情况。

$$L(x,y) = \frac{\alpha}{L_w}L_w(x,y) \tag{2-37}$$

式（2-37）用来映射亮度域。α 为参数，用来控制场景的亮度倾向。一般来说，α 会使用几个特定的值，0.18 是一个适中的值。当值为 0.36 或 0.72 时相对偏亮，当值为 0.09 或 0.045 时则相对偏暗。完成映射的场景为了满足计算机能显示的范围，还要将亮度范围再映射到 $[0,1]$ 区间（或 $[0,255]$），可以通过式（2-38）得到 $[0,1]$ 区间内的亮度。

$$L_d(x,y) = \frac{L(x,y)}{1 + L(x,y)} \tag{2-38}$$

图 2-17 所示为高动态范围图像示例，上面四幅为在不同曝光时间下拍摄的图像，下左为标定得到的亮度响应曲线（注意此曲线是以图像亮度为横坐标，而场景亮度为纵坐标）。下右为得到的高动态范围图像，图中小方块中的场景亮度也被映射到整个可显示的范围之内了。例如，台灯上的区域，整体亮度很亮，设其在整个图像中的亮度范围为 $[a,b]$。实际上，台灯这块区域中包含的亮度范围远远超过 $|b-a|$ 个级别。将台灯区域单独映射为一副图像后（映射到 $[0,255]$），可以看到更多的细节。其实，台灯图像中的黑色部分对应的场景中的实际亮度比图 2-17 中其他地方的白色部分对应的场景实际亮度还要亮。

2.2.4 曝光融合

与高动态范围图像比较相似的技术是曝光融合（Exposure Fusion）。曝光融合是通过拍摄同一场景在不同曝光时间下的多幅图像来生成一幅高质量的、低动态的、可显示的图像，类似高动态范围图像经过色调映射之后的图像。曝光融合并没有生成高动态范围图像，其基本思想是为多曝光序列图像中的每个像素计算一个感知质量度量。感知质量度量可以表示期望的图像质量。例如，对比度、饱和度等，然后利用感知质量度量把多幅图像中的像素进行

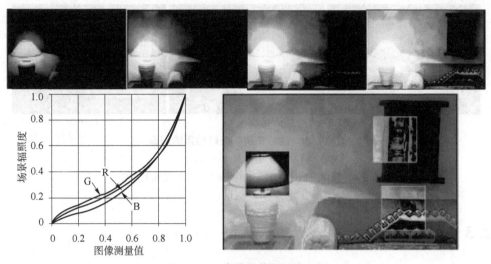

图 2 - 17　高动态范围图像示例

［图片引自 Kaufman 等（1987）］

加权融合，感知质量较好的像素其权重也较大，直接得到一幅高质量的图像，不需要像高动态范围图像那样首先进行辐射标定，也不需要记录拍摄时的曝光时间。

　　曝光融合如图 2 - 18 所示。图 2 - 18（a）中第一行显示了三张在不同曝光时间下拍摄的图像，第二行显示了每幅图像对应的感知质量度量，以图像的方式显示，像素的值越大（越白），表示该位置处的像素的感知质量越好，其在最终融合的图像中的权重也越大。图 2 - 18（b）显示了通过使用感知质量度量为权重，将三幅不同曝光时间的图像进行融合后得到的结果。

（a）　　　　　　　　　　　　　　　　　　（b）

图 2 - 18　曝光融合

［图片引自 Mertens 等（2007）］

（a）输入图像及对应的感知质量图；（b）融合结果

　　另外，还可以将使用闪光灯和不使用闪光灯的一对图像进行融合，如图 2 - 19 所示。图 2 - 19（a）为不使用闪光灯拍摄的图像，其中人脸部分由于光照不足，很多细节无法看清。图 2 - 19（b）为使用闪光灯拍摄的图像，人脸部分可以看清，但是后面的画上出现了很强的反光。通过融合这两幅图像，可以得到如图 2 - 19（c）所示的清晰的图像。需要指出的是，采用标定相机响应曲线生成高动态范围图像时，是不能使用闪光灯的，因为使用闪光灯会使得场景的光照发生变化，从而导致场景的亮度发生改变。

图 2-19　融合使用闪光灯拍摄的图像

［图片引自 Mertens 等（2007）］

（a）不使用闪光灯；（b）使用闪光灯；（c）清晰的图像

2.3　颜色分析

颜色是由于不同波长的光作用于视觉系统，并引起不同刺激的结果而产生的。光是由不同波段的光谱组成的，每个波段称为一个通道，各种波长的光的不同比例就形成了不同的颜色。例如，短波光能量较大时呈现蓝色，长波光能量较大时呈现红色。颜色对尺寸、方向、视角的依赖性较小，具有较高的鲁棒性。人类的视觉系统对于波长为 390~780 nm 的光是有反应的，即这部分光对于人类来说是可见光。

如果光中只包含了某一波段的光，那么这种光就是纯色的（如红光、蓝光等）；如果光中所包含的各个波段的光的能量分布比较均匀，那么这种光就是白光。

2.3.1　三基色原理

有这样一个实验，让受试者看到某一种颜色的光，然后其可以混合几种基色的光。调整各种基色的光的比例可使所得到的光与观察到的光是同样的颜色。大多数受试者只需要混合三种基色就可以得到所观察到的光具有的颜色。这就是三基色假说。三基色假说得到了现代技术的证明，即在人类视网膜中确实含有三种不同的光敏感性视色素，它们对光谱不同部位的敏感性是不同的。一束光，不管其波长组合有多复杂，都会被人眼分解为三种基本的颜色。对于视野中的每个位置，三种不同的光敏感性视色素会对不同波长的光产生响应，所有可能的响应值的组合决定了人类所能感知的颜色空间。据估计，人眼可以区分约一千万种颜色。

人眼中有两种类型的细胞，锥状细胞和杆状细胞。锥状细胞在明亮的光线下比较活跃，对应于颜色的感知；而杆状细胞在昏暗的光线下比较活跃。在昏暗的环境中，由于锥状细胞受到抑制，因此人对于颜色的感知就比较弱，看到的场景基本都是灰色的。

目前，大部分的相机采用光电耦合器 CCD/CMOS 成像，而 CCD/CMOS 只能感受光的强度，无法分辨不同的颜色。加上滤镜，可以使有的位置的像素只感受红光，有的位置的像素只感受绿光，有的位置的像素只感受蓝光，然后通过插值的方式得到每个像素处的红光、绿光以及蓝光的强度值。例如，对于只感受红光的像素 R，通过其周围像素所感受到的绿光和蓝光的强度值来得到像素 R 处的绿光和蓝光的强度值。这些值反映了光中所包含的能量在各个波长上的分布，从而可以形成彩色图像。相机的具体成像原理见 2.4 节。

光源可以发出不同的光（在不同的波长上的能量分布不同），对于多数的漫反射表面，反照率与波长有关，因此入射光中的某些波长的光可能更多地被吸收；而另一些波长的光可能更多地被反射，因此人们看到的物体的颜色与入射光以及物体表面的属性都有关。

光源包括自然光源（如太阳和天空）和人工光源（如白炽灯和荧光灯等）。理想的光源为黑体光源，即本身不反光，所发出的光的光谱只与本身的温度有关。物理学家们定义了一种理想物体——黑体（Black Body），以此作为热辐射研究的标准物体。它能够吸收外来的全部电磁辐射，并且不会产生任何反射与透射。

2.3.2　颜色空间

每一种颜色的表示模型都定义了一个颜色空间，每一种颜色对应于该颜色空间中的一个点。有很多被广泛使用的颜色空间，包括 RGB 空间、HSV 空间、CMY 空间和 XYZ 空间等。

2.3.2.1　线性颜色空间和非线性颜色空间

颜色空间可以分为线性颜色空间和非线性颜色空间两种。

线性颜色空间即可以使用基色的线性组合来表示颜色，基色的选择就决定了颜色空间。RGB 空间是一种常见的线性颜色空间。RGB 模型构成颜色表示的基础，其他颜色则表示方法可以通过对 RGB 模型进行变换得到。RGB 模型是一个加色的模型，通过以不同的比例混合三种基色来得到各种颜色。三基色的加权混合不仅反映了颜色的色度，还反映了颜色的亮度。若只对色度感兴趣，希望颜色不依赖于亮度的变化，则只需考虑 R，G，B 之间的比例关系，即 Normalized RGB：

$$r = R/(R + G + B), g = G/(R + G + B), b = B/(R + G + B) \tag{2-39}$$

Normalized RGB 中只有两个坐标是独立的，从而形成二维色度空间。

HSV 模型是一种常见的非线性颜色模型。其中 H（Hue）为色调，表示光的颜色，例如红光、绿光等；S（Saturation）为饱和度，表示颜色的饱和程度，例如深红、浅红等；V（value/lightness）为亮度，表示光线的明暗程度，是从黑到白的变化。

在 HSV 模型中，色调是由光中所包含能量最多的波长决定的。例如，当光中红光波长中包含的能量最多时，则这束光呈现红色。饱和度是由所包含能量最多的波长包含的能量与所有其他波长包含的能量之比决定的。显然，若这个比值越大，则颜色越饱和。极端情况下，若光中只有红光波长部分包含能量，则该颜色的饱和度是最大的。亮度是对光的整体的明暗程度的度量。

线性颜色空间之间，以及线性颜色空间和非线性颜色空间之间可以进行变换。这些颜色空间之间没有明显的好坏之分，只能说某个颜色空间适用于某一个具体的领域。

2.3.2.2　非一致性颜色空间和一致性颜色空间

图 2-20 表示了非一致性颜色空间的问题。在图 2-20（a）中，每一个椭圆里面的颜色对于人类来说都是不可区分的，即人们认为椭圆中的颜色都是一样的。这些椭圆称为 MacAdam 椭圆。可以看到，这些椭圆的大小和方向是不同的。当使用程序来分辨两种颜色

时，通常是通过计算两种颜色表示之间的距离来进行判断的，若两种颜色表示之间的距离小于某一阈值，则视为同一种颜色；否则就将其视为不同的颜色。从图 2 - 20（a）中可以看到，在非一致性颜色空间中，颜色表示之间的距离并不能表示颜色之间的差异。理想情况是图 2 - 20（a）中的椭圆变成大小一致的圆，这样就可以用颜色表示之间的距离来表示颜色之间的差异了。

图 2 - 20（b）表示了 CIE 1976 $u'v'$ 颜色空间，是通过将 CIE xy 颜色空间进行投影得到的，其目的是使得 MacAdam 椭圆变成大小一致的圆。当然，从图上可以看出，这些依然不是圆，只是比之前的 MacAdam 椭圆更 "圆" 一些。

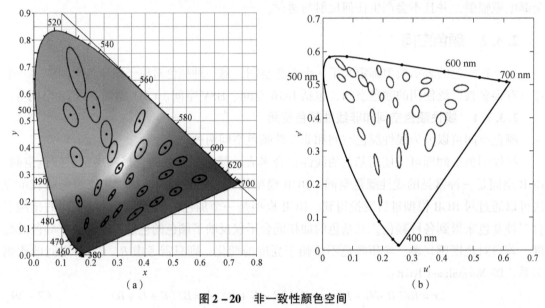

图 2 - 20　非一致性颜色空间

［图片引自 Forsyth 等（2002）］

（a）CIE xy 颜色空间；（b）CIE 1976 $u'v'$ 颜色空间

2.3.3　色彩恒常

人类都有一种不因光源或者外界环境因素影响而改变对某一个特定物体色彩判断的心理倾向，这种倾向即为色彩恒常性（Color Constancy）。由于环境（尤其特指光照环境）的变化，某一个特定物体反射的光的组成会发生变化，而人类的视觉系统能够识别出这种变化，并能够判断出该变化是由光照环境的变化而产生的。当光照变化在一定范围内变动时，人类识别机制会在这一变化范围内认为该物体表面颜色是恒定不变的[37]。

人类感知到的物体的颜色是由离开物体的光的颜色决定的，而离开物体的光的颜色与入射光的颜色以及物体表面的反射特性都有关系。如果使用白色的光照射一个绿色的表面，那么可以得到一幅绿色的图像；如果用绿色的光来照射一个白色的表面，那么也可以得到一幅绿色的图像。色彩恒常算法就是通过图像来去除光照的影响而得到物体的真正的颜色。

最具代表性的色彩恒常理论为视网膜皮层理论（Retinal Cortex Theory，简称 "Retinex

理论")[38,39]。Retinex 理论认为，人类感知到的物体的色彩与物体表面的反射特性密切相关，而与进入人眼中反射光的光谱特性关系不大。由于光照变化引起的进入人眼中反射光的光谱变化一般是平缓的，而由物体表面变化引起的反射光的光谱变化一般比较剧烈，因此通过分辨这两种变化形式，人类的视觉系统就可以区分感受到的颜色变化是由光照引起的，还是由物体变化引起的，从而实现对于物体颜色的感知恒常。

一幅图像可以表示为

$$I(x,y) = S(x,y) * R(x,y) \tag{2-40}$$

式中，(x, y) 为图像中像素的坐标；S 表示光照；R 表示物体表面的反射特性；I 为由物体表面反射出的光，进入相机/人眼形成图像。由 Retinex 理论可知，R 对 I 的影响要远大于 S，如果能从 I 中估计出 S 并将其去除，那么就可以得到反映物体表面反射特性的图像。

对式（2-40）两边取对数，可得

$$\lg I(x,y) = \lg S(x,y) + \lg R(x,y) \tag{2-41}$$

以一维图像为例，由于光照引起的像素值变化一般比较平缓，而由物体表面反射特性引起的像素值变化一般比较剧烈。对式（2-41）两边求导数，然后舍弃小于给定阈值的导数，再通过积分可以恢复得到与光照无关的图像。Retinex 理论在一维图像上的示例如图 2-21 所示。恢复得到的图像中有一个未知的常量，即虽然无法得到物体表面反射特性的绝对数值，但是可以得到一个相对的值。

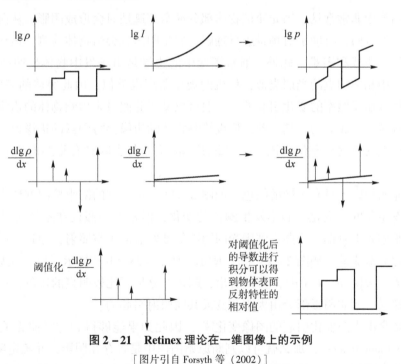

图 2-21 Retinex 理论在一维图像上的示例

［图片引自 Forsyth 等（2002）］

Retinex 理论可以用于图像增强，其基本原理为从原始图像 I 中估计出光照 S，从而分解出 R，消除光照不均的影响，以改善图像的视觉效果。图 2-22 所示为多尺度 Retinex 彩色恢复（Multi-Scale Retinex with Color Restore，MSRCR）[40]算法的图像增强效果。

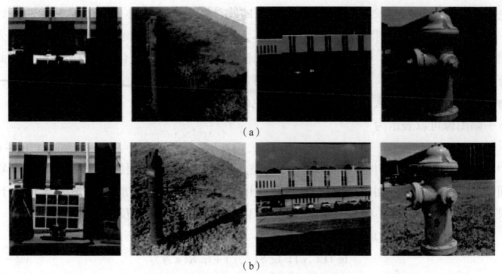

图 2-22　MSRCR 算法图像增强效果

[图片引自 Jobson 等（1997）]

（a）原始图像；（b）增强后的图像

2.3.4　阴影去除

阴影在图像中非常常见，当光照被物体部分或全部遮挡时会形成阴影。从阴影可以推断出场景中光照的方向，有助于对场景进行理解，但是阴影也会给物体检测、运动检测和物体识别等任务带来挑战和困难。此外，通常图像中的边缘是由场景中物体反照率的变化引起的，由于场景中相邻的点的光照类似，相机的观察角度也类似，因此突然的亮度/颜色变化只能是由物体表面反照率的变化引起的。一般可以基于此假设来检测物体的边缘，但是这个假设在阴影区域是不成立的。基于此，假设检测物体的边缘会将阴影的边缘也作为物体的边缘，从而给后续的视觉任务带来困难，因此阴影的检测与去除具有重要的研究意义和应用价值。

阴影与非阴影区域具有不同的颜色，如图 2-23 所示。有的阴影检测方法假设在阴影的边界处，只发生亮度的变化，而不发生颜色的变化，但是这一假设在室外场景中是不成立的，这是由于阳光本身偏黄，照不到阳光的阴影处被发蓝的天空照射，导致阴影边界两边的颜色发生变化而造成的，如图 2-23（a）所示。图 2-23（b）显示了归一化后的颜色 $r =$ $\{r, g, b\} = \{R, G, B\}/(R + G + B)$。可以看出，阴影部分呈现比较明显的蓝色，这是由阴影部分只被蓝天照射，而非阴影部分由太阳和蓝天共同照射引起的。

由于阴影是由光照变化引起的图像变化[41]，因此如果能够得到与光照无关的图像（Illumination Invariant Image），那么就可以判断原始图像中是否存在阴影，并确定阴影的位置。

首先，考虑理想情况下的阴影检测。对于给定的一个彩色相机，使用这个相机拍摄场景（包含多种物体或颜色的场景）的图像，改变场景中的光照，固定相机和场景，拍摄多幅图像。对于拍摄到的每一幅图像，先将三维的 RGB 坐标转化为二维的色度坐标，如 $[G/R, B/R]$，然后取对数。同一区域在不同的光照下的图像像素的二维色度坐标的对数值会形成一条直线，而不同区域所形成的直线是平行的。这些直线的方向称为颜色温度方向（Color Temperature Direction），因此，改变光照就会使使用二维色度对数坐标来表示的颜色在这些直线上移动。可以将二维的对数坐标投影到与这些平行直线垂直的一条直线上，得到一幅类似灰度图的图像，图像中的每个像素均使用一维投影坐标表示。这种图像在光照发生变化时是不变的，因此这样的图像其实是去除了阴影的。通过最小熵来寻找最优的投影方向如图 2－24 所示。图 2－24（a）显示了多个区域在不同的光照下的图像像素的二维色度坐标的对数值形成的多条直线。

图 2－23　阴影与非阴影区域具有不同的颜色

［图片引自 Finlayson 等（2009）］

（a）彩色图像；（b）颜色归一化后的图像

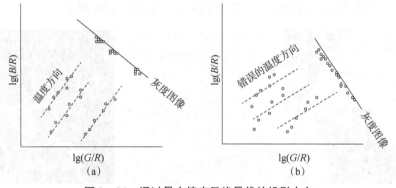

图 2－24　通过最小熵来寻找最优的投影方向

（a）正确的温度方向及其投影；（b）错误的温度方向及其投影

［图片引自 Finlayson 等（2009）］

因此，对于一个包含多个表面的场景，使用相机拍摄一幅图像，将图像颜色变换到上述的二维色度空间中，可以得到一系列的（近似）平行线。平行线的方向是颜色的温度方向，只与相机有关。不同的表面对应于不同的方向（截距不同）。如果改变了光照，那么各个表面的颜色会沿着温度方向变化，而不会从一条直线跳到另一条直线。选择与温度方向垂直的直线 L，如果将每条平行线上的点投影到直线 L 上，那么在同一个表面上的点，在直线 L 上的投影是相同的。使用这个投影的坐标来表示图像中的每个像素。在同一表面上的点的投影坐标是相同的，无论其在阴影内还是阴影外。这是由于阴影内外的点只是其对应的光照不同，而所在的表面却是相同的。阴影内外的点的二维对数坐标位于同一条直线上，其到直线 L 上的投影是相同的。投影后形成的图像即为光照无光图像。原始图像的边缘，若在其对应的光照无光图像上不是边缘，即该边缘是阴影的边界，从而可以确定阴影的位置。

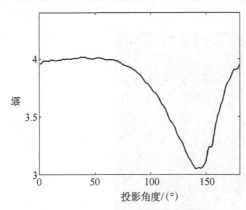

图 2 - 25　沿不同方向投影得到的熵

在实际应用中往往是无法确定具体的温度方向的，也无法直接得到与光照无关的图像。此时，可以使用最小熵的方法来估计温度方向。假设场景包含了多个不同的表面，那么可以假设当沿着一个较好的温度方向进行投影时，各个表面的投影是分开的，如图 2 - 24（a）所示；若投影到其他的方向上，则如图 2 - 24（b）所示。此时，各个表面的投影混杂在一起，这表示用不同的光源照射不同的表面会得到相同的颜色，而这种现象是不常见的，因此可以使用投影所得到的直方图的熵来衡量投影是否分开。图 2 - 25 显示了在各个方向上进行投影后计算得到的熵的值。可以看出，在 150° 附近可以得到熵的最小值，150° 则正是图 2 - 25 中与温度方向垂直的方向。

具体应用时，可以搜索二维色度空间中的各个方向，将图像中的颜色沿着各个方向进行投影，然后选择使投影后的直方图的熵最小的方向作为温度方向来得到光照无关图像，然后对于原始图像中的边缘，若在其对应的光照无光图像上不是边缘，则可以认为该边缘是由阴影引起的，从而得到阴影的检测结果。阴影检测示例如图 2 - 26 所示。

图 2 - 26　阴影检测示例

（a）原始图像；（b）光照无关图像；（c）检测出的阴影

［图片引自 Fredembach 等（2006）］

检测到阴影后，可以根据以下两个推断[42]进行阴影去除。①如果阴影边界两边的两个像素具有相同的反照率，那么移除阴影后它们应该具有相同的颜色/灰度，即此处的梯度应该为 0。②阴影内部的像素值之间的对数比在阴影移除后应该保持不变，因此可以使用 Retinex 方法对原始图像取对数，然后求导数。此后，除舍弃小于给定阈值的导数外，还应将阴影边界处的导数也设置为零，然后通过重积分得到去除阴影后的图像[43]。图 2 - 33 所示为阴影去除后的效果。第一列为原始图像，第二列为得到的光照无关图像，第三列为去除阴影后的图像。

图 2 - 27　阴影去除后的效果

［图片引自 Finlayson 等（2002）］

2.4　数字相机

数字相机的成像原理是使用包含很多像素的光电耦合器件来成像，其成像过程如图 2 - 28 所示，当按下相机的快门开始曝光时，每个像素开始收集光子，并转换为电信号。当曝光结束时，通过每个像素收集的光子的数目决定了该像素产生的电信号的强弱。然后产生的电信号被量化为数值，如对于灰度图像，量化的数值为 0～255，反映了该点的明暗程度。

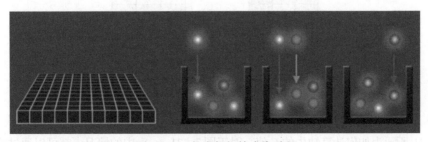

图 2 - 28　数字相机的成像过程

在上述成像过程中，由于每个像素只能计算其接收到的光子的数目，不能判断出每种颜色的光的光子数目，因此只能产生灰度图像。如果想生成彩色图像，那么需要使用滤镜来感应色彩信息。最常用的滤镜为拜尔滤镜（Bayer Filter），如图 2-29 所示。

拜尔滤镜是一种将 RGB 滤色器排列在光电耦合器件之上所形成的马赛克彩色滤色阵列。如图 2-29 所示，下面一层灰色的是感光元件，每个方块代表一个像素。上面一层彩色的就是拜尔滤镜。数码相机等数字图像传感器大多使用这种特定排列的滤色阵列来形成彩色图像。由于人眼对绿色比较敏感，因此这种滤色阵列的排列有 50% 是绿色，25% 是红色，25% 是蓝色，因此也称为 RGBG、GRGB 或者 RGGB。

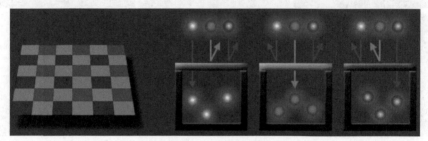

图 2-29　拜尔滤镜

在图 2-29 中，红色的滤镜过滤掉其他波长的光，只允许红色的光通过。类似地，绿色和蓝色滤镜分别只允许绿色和蓝色的光通过，即位于红色、绿色和蓝色滤镜下的像素可以分别感受光线中红光、绿光和蓝光的强度。每个像素仅包含光谱的一部分，必须通过插值才能得到每个像素的 RGB 值，即为了得到彩色图像，需要通过插值的方法得到红色滤镜下像素的 G 值和 B 值和绿色滤镜下像素的 R 值和 B 值以及蓝色滤镜下像素的 R 值和 G 值。

可以通过最近邻、线性插值等方法来得到每个像素缺失的颜色值。文献［35］比较了各种插值方法得出结论，即以下的插值方法可以在精度和速度上获得综合性能最好的结果。

图 2-30 所示为计算缺失的 R 值和 B 值的方法。图 2-30（a）显示了对于中心像素 G 如何得到其 R 值和 B 值。只需取其上下两个相邻的 B 值的均值作为中心像素的 B 值，取其左右两个相邻的 R 值作为中心像素的 R 值即可。图 2-30（b）的计算方法与图 2-30（a）类似。对于图 2-30（c）中的中心像素 R，其 B 值为其四个临近 B 值（左上，右上，左下，右下）的均值。对于 2-30（d）中的中心像素 B，其 R 值为其四个临近 R 值（左上，右上，左下，右下）的均值。

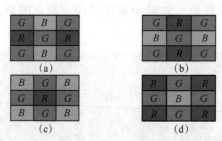

图 2-30　通过插值得到缺失的 R 和 B 值

图 2-31 所示为如何计算缺失的 G 值，对于图 2-31（a）中的情况，都可以通过式（2-42）

来计算中心像素 R 的 G 值。

$$G(R) = \begin{cases} (G_1 + G_3)/2, & \text{当 } |R_1 - R_3| < |R_2 - R_4| \\ (G_2 + G_4)/2, & \text{当 } |R_1 - R_3| > |R_2 - R_4| \\ (G_1 + G_2 + G_3 + G_4)/2, & \text{当 } |R_1 - R_3| = |R_2 - R_4| \end{cases} \qquad (2-42)$$

即，如果 R_1 和 R_3 之间的差值小于 R_2 和 R_4 之间的差值，那么说明在垂直方向上的相关性比较强。此时，使用垂直方向上的 G 值进行插值。若 R_1 和 R_3 之间的差值与 R_2 和 R_4 之间的差值相差不大，则使用 4 个邻近像素进行插值。在图 2-31（b）中，中心像素 B 的 G 值可以通过类似方式计算得出。

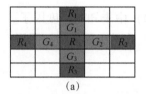 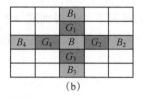

(a)　　　　　　　　　　　　(b)

图 2-31　通过插值得到缺失的 G 值

传统的相机无法在一个像素中放入三个滤镜和感光元件。即使勉强能做到，这个成本也不是多数人能够承受的。Foveon X3 传感器某种程度上借鉴了彩色胶片三层染色剂的堆叠方式，从上至下排列了三层光电二极管，每层二极管分别记录蓝、绿和红色光线的强度。相比只能测量 RGB 其中之一的数据，需要依靠插值计算其他色彩的拜尔阵列传感器，Foveon X3 传感器理论上每个像素位置可以直接得到 RGB 值，色彩准确性更高。图 2-32 所示为 Foveon X3 传感器与拜尔阵列传感器的对比。

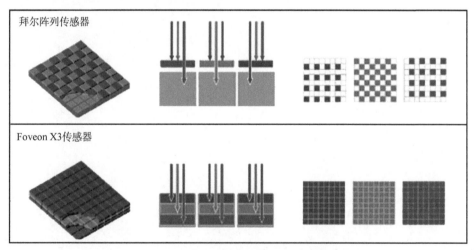

图 2-32　Foveon X3 传感器与拜尔阵列传感器的对比

与拜尔阵列传感器相比，Foveon X3 传感器不需要通过插值来计算 RGB 值，色彩准确性高，理论上不会产生摩尔纹和伪色，不需要低通滤镜而具备更高的解像力。拜尔阵列传感器每一个像素点仅能记录 1/3 的总数据量，而 Foveon X3 传感器每个像素的位置都可以记录下完整的 RGB 值。Foveon X3 传感器的缺点主要集中在高感画质差和存储速度慢、耗电量大等方面，而且还有在某些情况下因红色光和绿色光的波长比较接近而出现交叉污染的情况。目前已经出现了使用这种技术的 CMOS 图像传感器，并应用在了数码相机上。

思考题

1. 给定一个物体和一个相机，如何改变该物体所成的像的位置？如何改变其所成的像的亮度/颜色？

2. 如果一个物体不反射任何波长的光，那么你可以看到它吗？

3. 请证明使用齐次坐标表示的成像过程（即式（2-2））与使用笛卡儿坐标表示的成像过程（即式（2-1））是等价的。

4. 请思考在什么情况下可以得到式（2-10）中未知的尺度因子。

5. 在什么情况下阴影内外的颜色是一致的？此时应如何检测阴影？

第3章

图 像 处 理

图像是计算机视觉的输入数据，对图像的处理是计算机视觉的基础。图像可以视为一个二维的数组或矩阵，图像的基本单位是像素。对于灰度图像，每个像素用 0 ~ 255 中的一个数值来表示该像素的明暗程度；对于彩色图像，每个像素使用一个向量来表示该像素的颜色。数字图像示例如图 3 - 1 所示，左上为一幅灰度图像，右上为将左上图白色框中的图像放大后的效果，其中每个小方块表示一个像素，下方为对应的具体的灰度值。可以看出，灰度值越小，则对应的图像区域越暗。图像处理就是通过改变像素的值来达到某种效果或者目的。

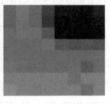

	0	1	2	3	4	5	6	7
0	130	146	133	95	71	71	62	78
1	130	146	133	92	62	71	62	71
2	139	146	146	120	62	55	55	55
3	139	139	139	146	117	112	117	110
4	139	139	139	139	139	139	139	139
5	146	142	139	139	139	143	125	139
6	156	159	159	159	159	146	159	159
7	168	159	156	159	159	159	139	159

图 3 - 1　数字图像示例

3.1　线性滤波器

线性滤波器是提取图像特征时经常使用的一个工具，通过卷积提取图像的一个邻域中的特征。

卷积是指输入图像 I_1，其输出为图像 I_2，输出图像 I_2 中的每一个像素 $p_{i,j}^2$ 的值是通过对输入图像中相应位置的像素 $p_{i,j}^1$ 邻域（如 3×3 邻域）中的像素值进行加权求和得到的。邻域中各个位置的权值对于输入图像中所有的像素都是一致的，即在输入图像的不同位置，邻域中各个位置的权值都是一样的。卷积可以用来进行图像平滑以及计算导数。卷积的运算过程如图 3 - 2 所示。其中，F 为卷积模板，也称卷积核。卷积核中各个位置的数值为各个位置的权重，卷积就是通过把卷积核的中心放在每一个像素上，使用各个位置的权重乘以对应位置的像素值求和之后，置换目标像素的值。不同的权重组合对应于不同的卷积核，可以实现不同的功能。

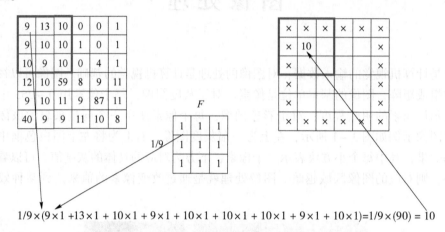

$$1/9 \times (9 \times 1 + 13 \times 1 + 10 \times 1 + 9 \times 1 + 10 \times 1 + 10 \times 1 + 10 \times 1 + 9 \times 1 + 10 \times 1) = 1/9 \times (90) = 10$$

图 3 - 2 卷积的运算过程

图 3 - 2 中的卷积核 F 是一个求均值的卷积核，可以用来对图像进行均值滤波来去除图像中的噪声。均值滤波本身存在着固有的缺陷，即它不能很好地保护图像细节，在图像去噪的同时也破坏了图像的细节部分，从而使图像变得模糊，不能很好地去除噪声。

高斯滤波是比较常用的一种去噪方式。高斯滤波使用高斯核对图像进行卷积来去除噪声，以平滑图像。其基本思想是距离目标像素较近的位置权重较大，而距离目标像素较远的位置权重较小。高斯核的表达式为

$$G_{\sigma} = \frac{1}{2\pi\sigma^2} e^{-\frac{(x^2+y^2)}{2\sigma^2}} \tag{3-1}$$

高斯滤波的优点有以下几个：

（1）二维高斯函数是旋转对称的，在各个方向上的平滑程度相同，不会改变原图像的边缘走向。

（2）高斯函数是单值函数，高斯卷积核的中心点为极大值，在所有方向上单调递减，由于距离中心点较远的像素对中心点像素的影响不会过大，因此保证了其特征点和边缘特性。

（3）在频域上，滤波过程不会被高频信号污染。

图 3 - 3 所示为一个 5×5 邻域的高斯核示例，其中图 3 - 3（a）为高斯核的三维波形；图 3 - 3（b）为其以二维图像形式显示的结果，颜色越白，表明该位置的权重越大；图 3 - 3（c）为各个位置的具体权重数值。可以看出，邻域中心的权重相对于远离中心位置的权重要大得多。

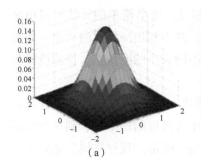

0.003	0.013	0.022	0.013	0.003
0.013	0.059	0.097	0.059	0.013
0.022	0.097	0.159	0.097	0.022
0.013	0.059	0.097	0.059	0.013
0.003	0.013	0.022	0.013	0.003

$5 \times 5, \sigma = 1$

（a）　　　　　　　　（b）　　　　　　　　（c）

图 3 - 3　高斯核示例

［图片引自 Forsyth 等（2002）］

（a）高斯核的三维波形；（b）高斯核以三维图像形式显示的结果；（c）各位置的具体权重数值

　　高斯核的方差对于平滑和去噪的效果影响很大。方差很小时，由于远离目标像素位置的权重很小，因此平滑基本没有效果；方差很大时，由于目标像素周围像素的权重较大，因此平滑效果就会很明显，从而可以在付出图像模糊的代价下去除噪声，即具有较大方差的高斯核会使图像的细节丢失较多。

　　高斯函数具有可分离性，因此较大尺寸的高斯核可以采用可分离滤波器实现加速，即首先将图像与一维高斯核进行卷积，然后再将卷积结果与方向垂直的相同一维高斯核再进行卷积，因此，二维高斯滤波的计算量随滤波模板宽度呈线性增长而不是呈平方增长。可分离滤波器可以将计算复杂度从 $O(MNPQ)$ 降到 $O(MN(P+Q))$，其中 M, N, P, Q 分别为图像和滤波器的窗口大小。

　　卷积除了可以平滑图像外，还可以用来求导数。例如，可以使用式（3 - 2）所示的卷积核来求图像的导数，从而检测边缘：

$$\mathcal{H} = \left\{ \begin{matrix} 0 & 0 & 0 \\ 1 & 0 & -1 \\ 0 & 0 & 0 \end{matrix} \right\} \tag{3-2}$$

　　另外，卷积核也可以视为一个滤波器，卷积核的权重称为滤波器的核，因此有时也把卷积称为滤波。可以把这些权重排列为一个向量，如 3×3 的卷积核写为一个 9 维的向量，然后把对应窗口内的像素也写为一个 9 维的向量，因此卷积/滤波的结果就是权重向量与像素向量的点积。这个点积的值也被称为滤波的响应。

　　值得注意的是，滤波器在与它们相似的图像区域上响应比较强，在与它们不相似的区域响应比较弱，因此可以把滤波器视为一个模式检测器（Pattern Detector）。即使用某一模式的滤波器在图像各处滤波，响应比较强的地方就是比较像滤波器模式的地方。例如，使用左大右小的滤波器，在图像上左边比右边亮的区域，响应就会比较大。

　　但是直接使用滤波器进行滤波来检测模式不是一个很好的选择，这是由于滤波是线性的计算，在图像整体比较亮的区域其响应值也会比较大。例如对于 [1,3,1] 这个模式，滤波器 [3,3,3] 的响应比滤波器 [1,3,1] 的响应更大，但是 [3,3,3] 与 [1,3,1] 并不相似。

　　常用的方法是使用归一化相关系数（Normalized Correlation）来表示滤波的响应值，即计算滤波器向量与像素向量之间夹角的余弦值。结果的取值范围为 1 ~ -1。若值为 1，则表示两个模式完全一样；若值为 -1，则表示两个模式对比度相反。这个简单的算法可以用来高效地检测一些模式。当使用滤波器来检测某些模式的时候，并不知道该模式的大小。如果对于不同分辨率的图像都使用同一个滤波器来卷积，那么在不同大小的图像上，该滤波器将对不同的模式有较强的响应。

高斯金字塔如图 3-4 所示。如果在这几幅不同尺度的图像上使用 8×8 的滤波器进行滤波，那么在最大尺度的图像上，该滤波器包含几根毛发；在中等尺度的图像上，则该滤波器包含几根条纹；在低尺度的图像上，该滤波器将包含斑马的整个嘴部。反过来说，如果想检测斑马的嘴部，那么在不知道所检测图像尺度的前提下使用某一大小的滤波器，并不能保证能检测到目标，而高斯金字塔就是用来解决尺度问题的。

高斯金字塔本质上为信号的多尺度表示方法，即将图像进行多次的高斯模糊，并且向下取样，从而产生不同尺度下的多组图像以进行后续的处理。在不同尺度的图像上进行滤波，可以解决所要寻找的模式可能在图像上有不同大小的问题。得到高斯金字塔后，就可以在金字塔的各层上使用相同大小的滤波器来检测与滤波器相似的模式了。

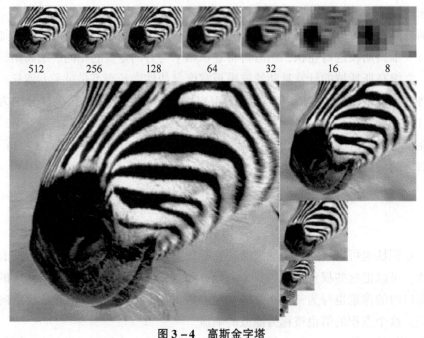

图 3-4　高斯金字塔

[图片引自 Forsyth 等（2002）]

3.2　非线性滤波器

常见的非线性滤波器包括最大值滤波器、最小值滤波器以及中值滤波器。它们分别是使用像素邻域中的最大值和最小值以及中值来代替中心像素的值。图 3-5 所示为中值滤波的工作过程。取中心像素（像素值为 90）的 3×3 邻域，将这 9 个像素值进行排序，得到中值为 28，然后以 28 替换 90，就完成了对于像素值为 90 的中值滤波。

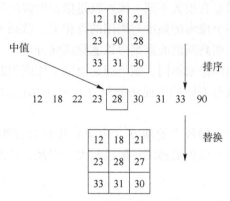

图 3 - 5 中值滤波的工作过程

非线性滤波器也可以用来去除图像中的噪声。椒盐噪声也称为脉冲噪声，是图像中常见的一种噪声。椒盐噪声是一种随机出现的白点（盐）或者黑点（椒），可能是亮的区域有黑色像素或是在暗的区域有白色像素，或者两者皆有。椒盐噪声可能是由于影像信号受到突然的强烈干扰而产生的。例如，失效的感应器导致像素值为最小值，而饱和的感应器则导致像素值为最大值。

对于椒盐噪声，传统的低通滤波器（例如均值滤波和高斯滤波等）的滤波效果并不理想。这是由于噪声点的像素值与其邻域中的像素值的差别往往很大，因此均值（高斯滤波是加权求均值）与邻域中其他像素的真实值的差别也会较大，导致其他非噪声的像素值也发生较大变化。中值滤波与均值滤波的比较如图 3 - 6 所示。此时使用中值滤波器就可以得到较好的效果。

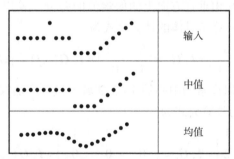

图 3 - 6 中值滤波与均值滤波的比较（宽度为 5 的滤波器）

3.3 边缘检测

线性滤波器可以用来检测图像中的边缘，通过边缘检测能够大幅减少数据量，在保留重要的结构属性的同时还可以剔除无关信息。

对于图像的一个很重要的假设就是一个像素跟它的邻近像素很相似，即具有相似的颜色或者灰度。基于这个假设，可以通过某个像素的邻域来估计该像素。当然，这个假设在图像的有些地方是不符合的。例如，在边缘处，像素与其邻近像素的差别就很大。边缘部分所占比例与整幅图像相比是较小的区域，因此以上假设对于一幅图像来说是大概率正确的。当然，噪声也与其邻域内的像素有很大不同。噪声就是像素的强度相对于真值有个突变。从时域上讲，高斯滤波可以使一个像素的强度与周围的点相关，就减少了突变的影响；从频域上讲，突变引入了高频分量，而高斯滤波器则可以滤除高频分量。

若一个像素与其邻域内的像素不同，则可能是由以下原因引起的：它们具有不同的反照率，位于不同的物体上，具有不同的表面法向量（相对于相机的视角不同）以及可能位于阴影内外。

像素与其邻域内的像素差异较大的地方（边缘）往往存在很大的信息量。这些地方的梯度一般也较大。当然，噪声位置的梯度一般也较大，因此，检测边缘和抑制噪声是一对不可调和的矛盾。

3.3.1 边缘检测算子

在边缘处，由于边缘包含了大多数的形状信息，因此像素的值会发生突然的变化。检测边缘的思想也非常直观，即在图像各处求各个方向的梯度，梯度较小的位置肯定不是边缘，而梯度较大，并且局部最大的位置才是边缘。求梯度之前通常要通过滤波来平滑图像。通常使用高斯核来进行平滑，然后再求导数，与直接使用高斯核的导数来滤波是等价的。

（1）一阶导数边缘算子。

在图像中，边缘是像素值变化剧烈的位置，函数的一阶导数能够反映函数的变化率。利用这一特性可以通过求解图像的一阶导数来确定图像的边缘。常见的一阶导数算子有Roberts算子、Sobel 算子和 Prewitt 算子。首先，通过合适的微分算子计算出图像的梯度矩阵；其次，对梯度矩阵进行二值化从而得到图像的边缘。设 I 为图像矩阵，$G(i,j)$ 为最终的梯度矩阵，$*$ 代表卷积。

Roberts 算子计算的是互相垂直方向上的像素值的差分，采用对角线方向相邻像素之差进行梯度幅度检测。Roberts 算子具体的计算公式为

$$G_x = \begin{pmatrix} 1 & 0 \\ 0 & -1 \end{pmatrix} * I, \; G_y = \begin{pmatrix} 0 & -1 \\ 1 & 0 \end{pmatrix} * I, \; G(i,j) = |G_x| + |G_y| \qquad (3-3)$$

Sobel 边缘检测算子在以像素为中心的 3×3 邻域内做灰度加权运算，加权的处理可以降低边缘的模糊程度。具体的计算公式为

$$G_x = \begin{pmatrix} -1 & 0 & 1 \\ -2 & 0 & 2 \\ -1 & 0 & 1 \end{pmatrix} * I, \; G_y = \begin{pmatrix} 1 & 2 & 1 \\ 0 & 0 & 0 \\ -1 & -2 & -1 \end{pmatrix} * I, \; G(i,j) = \sqrt{G_x^2 + G_y^2} \qquad (3-4)$$

Prewitt 边缘算子是一种类似 Sobel 算子的边缘模板算子，通过对图像进行两个方向的边缘检测，将其中响应最大的方向作为边缘。具体公式如下：

$$G_x = \begin{pmatrix} -1 & 0 & 1 \\ -1 & 0 & 1 \\ -1 & 0 & 1 \end{pmatrix} * I, \; G_y = \begin{pmatrix} 1 & 1 & 1 \\ 0 & 0 & 0 \\ -1 & -1 & -1 \end{pmatrix} * I, \; G(i,j) = \max\{|G_x|, |G_y|\}$$

$$(3-5)$$

一阶导数的边缘算子的优点是对于灰度渐变和噪声较多的图像处理效果较好，但是存在对边缘定位不是很准确和检测的边缘不是单像素的问题，因此适用于对精度要求不高的情况。

（2）二阶导数边缘算子。

另外一种常用的边缘检测方法是采用像素变化的二阶导数信息。以灰度图像为例，像素变化的二阶导数就是灰度梯度的变化率。如果 $f(x,y)$ 表示点 (x,y) 的灰度值，那么在点 (x,y) 处的二阶导数可以写为

$$\nabla^2 f(x,y) = \frac{\partial^2 f(x,y)}{\partial x^2} + \frac{\partial^2 f(x,y)}{\partial y^2} \tag{3-6}$$

这也被称为拉普拉斯算子（Laplacian）。可以采用差分的方法实现图像二阶导数的求导，差分公式为

$$\nabla^2 f(x,y) = f(x+1,y) + f(x-1,y) + f(x,y+1) + f(x,y-1) - 4f(x,y) \tag{3-7}$$

在对图像进行计算时，可以采用如图 3-7 所示的四领域和八领域的拉普拉斯算子模板进行二阶导数的计算。

0	1	0
1	-4	1
0	1	0

1	1	1
1	-8	1
1	1	1

图 3-7　四邻域和八邻域的拉普拉斯算子模板

在理想的连续变化情况下，在二阶导数中检测过零点将得到梯度中的局部最大值。拉普拉斯算子具有各向同性和旋转不变性，是一个标量算子，但是二阶导数算子也存在一定问题，如对图像中的噪声相当敏感以及会产生双像素宽的边缘以及不能提供边缘方向的信息等。

为了克服拉普拉斯算子存在的上述问题，Marr 和 Hildreth 提出了高斯拉普拉斯算子（Laplacian of Gaussian，LOG）[54]，因此该方法也被称为 Marr 边缘检测算法。该方法首先使用一个二维高斯函数对图像进行低通滤波，即使用二维高斯函数与图像进行卷积实现对图像的平滑，并在平滑后计算图像的拉普拉斯值；最后，检测拉普拉斯图像中的过零点，以此作为边缘点。

LOG 算子的函数形式为

$$\begin{aligned}
\mathrm{LOG}(x,y) &= \left(\frac{\partial^2}{\partial x^2} + \frac{\partial^2}{\partial y^2}\right)\frac{1}{2\pi\sigma^2}\exp\left(-\frac{x^2+y^2}{2\sigma^2}\right) \\
&= \frac{-1}{2\pi\sigma^4}\left(2 - \left(\frac{x^2+y^2}{\sigma^2}\right)\right)\exp\left(-\frac{(x^2+y^2)}{2\sigma^2}\right)
\end{aligned} \tag{3-8}$$

LOG 算子的函数形状像一个草帽，所以也被称为墨西哥草帽算子。LOG 算子克服了拉普拉斯算子抗噪声能力比较差的缺点，但是由于在抑制噪声的同时也可能将原有的图像边缘平滑掉，造成这些边缘无法被检测，因此对于高斯函数中参数的选择很关键。高斯滤波器为低通滤波器，其方差越大，对应的通频带越窄，对较高频率的噪声的抑制作用就越大，可以避免虚假边缘；同时，信号的边缘也被平滑了，会造成某些边缘点的丢失。反之，方差越小，则对应的通频带越宽，可以检测到图像更高频率的细节，但由于对噪声的抑制能力相对下降，因此容易出现虚假边缘。

3.3.2　Canny 边缘检测算法

Canny 边缘检测算法是 1986 年由 John F. Canny 提出的一种基于图像梯度计算的边缘检

测算法[52]，是计算机视觉中应用最广泛的边缘检测方法。平滑去噪和边缘检测是一对矛盾，Canny 发现应用高斯函数的一阶导数，在二者之间可以获得最佳的平衡。Canny 边缘检测的具体步骤如下：

（1）使用高斯函数的一阶导数进行去噪和梯度计算，得到每个像素上梯度的方向和幅值。

（2）进行局部非最大值抑制，即比较每一像素和其梯度方向上相邻的两个像素，即如果梯度方向为水平，则将其与其左右相邻的两个像素进行比较；若梯度方向为垂直，则将其与其上下相邻的两个像素进行比较；若梯度方向为右上，则将其与其右上左下相邻的两个像素进行比较。如果该像素梯度的幅值不是局部最大值，则将其梯度幅值置为零，即只保留梯度方向上梯度幅值最大的那个像素，将有多个像素宽的边缘细化为只有一个像素宽。

（3）根据阈值进行选取，即梯度幅值大于某一阈值的像素才认为是边缘。传统的基于一个阈值的方法，若选择的阈值过小，则起不到过滤非边缘的作用；若选择的阈值过大，则容易丢失真正的图像边缘。Canny 提出了基于双阈值的方法很好地实现了边缘的选取。在实际应用中，双阈值还具有边缘连接的作用。设置两个阈值，其中 T_H 为高阈值，T_L 为低阈值，则有：① 丢弃梯度幅值低于 T_L 的像素。②保留梯度幅值高于 T_H 的像素为强边缘。③梯度幅值在 T_L 与 T_H 之间的像素，若其连接到强边缘则保留，否则丢弃。

Canny 边缘检测示例如图 3-8 所示，分别显示了原始图像、高于低阈值的弱边缘、高于高阈值的强边缘以及最终的 Canny 边缘检测结果。

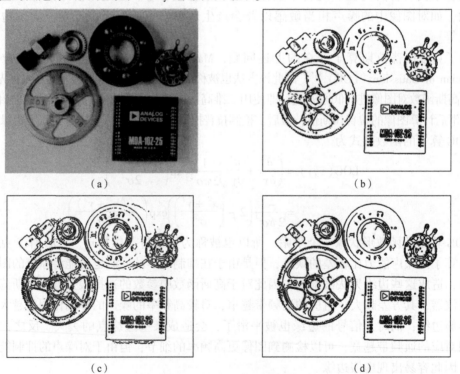

（a）　　　　　　　　　　　　　　（b）

（c）　　　　　　　　　　　　　　（d）

图 3-8　Canny 边缘检测示例

[图片引自 Canny 等（1988）]

（a）原始图像；（b）高于低阈值的弱边缘；（c）高于高阈值的强边缘；（d）最终的 Canny 边缘检测结果

3.4　傅里叶变换

傅里叶认为所有波都是由不同幅度、频率以及相位的正弦波所组成的，即时域的周期性连续信号可以在频域上由不同频率和幅度的正弦波叠加组成。例如，一个方波可以由无穷多个不同频率和不同幅度的正弦波叠加组成。如图 3－9 所示，把时域和频域放在一个坐标系中进行说明。傅里叶变换就是求取这些不同频率的正弦波的幅值。因为它们的频率是基于原时域波形而有规律地变化，所以频率是已知的，同时，还包括一个为了符合原波形的幅度而引出的直流分量。

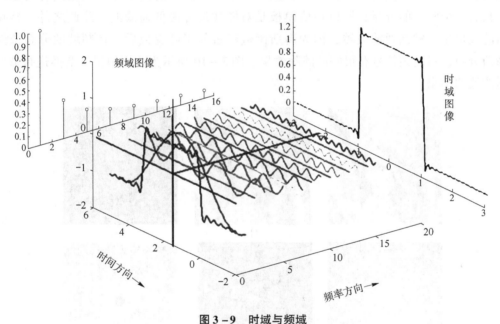

图 3－9　时域与频域

图像作为二维信号，其傅里叶变换与一维信号类似。在图像处理中，一般使用离散傅里叶变换。离散傅里叶变换可以将信号从时域变换到频域，而且时域和频域都是离散的，其变换公式为

$$F(k,l) = \sum_{i=0}^{N-1} \sum_{j=0}^{N-1} f(i,j) e^{-i2\pi\left(\frac{ki}{N}+\frac{lj}{N}\right)} \tag{3-9}$$

其中指数部分是傅里叶空间中一点 $F(k,l)$ 的基本函数。公式可以理解为频域中每一点 $F(k,l)$ 的值是通过将空域中图像的像素值与 $F(k,l)$ 对应的基本函数相乘然后相加得到的。基本函数是不同频率的正弦波和余弦波。$F(0,0)$ 表示图像的直流分量，对应于图像中所有像素值的均值。$F(N-1,N-1)$ 对应最高频率部分的信号，即数字图像中可以包含的由图像的分辨率决定的最高频率。

由式（3-9）可以看出，$F(k,l)$ 的值是通过所有像素的值计算得到的，因此图像中局部的变化会引起频率域中每个 $F(k,l)$ 的变化，即，图像中任何位置的变化都会使其傅里叶变换的结果在所有位置上都发生变化。例如，由图像的傅里叶变换结果很难判断某种模式是

否在图像中出现。

数字图像也是一种信号，对其进行傅里叶变换得到的是频谱数据。对于数字图像这种离散的信号，频率大小表示信号变化的剧烈程度，或者是信号变化的快慢。频率越高，则变化越剧烈；频率越低，则信号越平缓。对应到图像中，高频信号往往是图像中的边缘信号和噪声信号，而低频信号则包含图像轮廓及背景等信号。

傅里叶变换可以用于图像去噪，可以根据需要在频域对图像进行处理。例如在需要去除图像中的噪声时，可以设计一个低通滤波器，去除图像中的高频噪声，但是往往也会抑制图像的边缘信号，这就是造成图像模糊的原因。以均值滤波为例，用均值模板与图像做卷积，在空间域做卷积，相当于在频域做乘积，而均值模板在频域是没有高频信号的，只有一个常量的分量，所以均值模板是对图像局部做低通滤波。除此之外，常见的高斯滤波也是一种低通滤波器，因为高斯函数经过傅里叶变换后，在频域的分布依然服从高斯分布，对高频信号有很好的滤除效果。图3-10所示为使用傅里叶变换进行低通和高通滤波的结果。

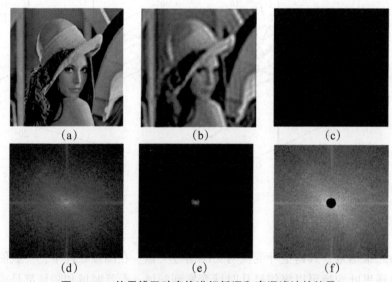

图3-10 使用傅里叶变换进行低通和高通滤波的结果

(a) 原始图像；(b) 低通滤波结果；(c) 高通滤波结果；

(d) 傅里叶频谱；(e) 低通滤波频谱；(f) 高通滤波频谱

傅里叶变换也可以用于图像增强及锐化，图像增强需要增强图像的细节，而图像的细节往往就是图像中高频的部分，所以增强图像中的高频信号能够达到图像增强的目的。图像锐化的目的是使模糊的图像变得更加清晰，其主要方式是增强图像的边缘部分，即增强图像中灰度变化剧烈的部分，所以通过增强图像中的高频信号能够增强图像边缘，从而达到图像锐化的目的。

思考题

1. 编程实现 Canny 边缘检测算法。

2. 请分析线性滤波器和非线性滤波器的计算复杂度并思考在具体编程实现时有无加速计算的方法。

3. 请分析提高 Canny 边缘检测中的高阈值会对最终的检测结果有何影响以及降低 Canny 边缘检测中的低阈值会对最终的检测结果有何影响。

4. 请思考如何对彩色图像进行边缘检测。除将彩色图像转换为灰度图像外，还有没有其他的方法？

5. 请思考傅里叶变换除可以进行图像滤波、增强、锐化之外，还有没有其他用途。

6. 请分析使用图像金字塔和固定大小的滤波器检测模式与使用一幅图像和多个大小的滤波器检测模式有何区别。

第 4 章
图像的局部特征

特征是一个物体或一组物体所具有特性的抽象结果,用来描述概念,是物体可供识别的特殊的征象或标志。图像特征是指一个物体或一组物体的图像所具有特性的抽象结果,可用于通过图像识别该物体。图像特征可以分为全局特征与局部特征。全局特征(Global Feature)是指能够描述整幅图像的特征,一般是通过图像中的全部(或大部分)像素计算得到。常见的全局特征包括颜色直方图、形状描述子和 GIST 等;局部特征(Local Feature)相对来说就是基于局部图像块计算得到的,常见的局部特征包括尺度不变特征变换(Scale - Invariant Feature Transform,SIFT)、局部二值模式(Local Binary Pattern,LBP)等。

全局特征与局部特征是相对的。例如,图像的颜色直方图是常见的全局特征。对于一幅人脸图像,提取其颜色直方图,所提取的就是全局特征;而对于一幅行人的图像提取其中人脸部分的颜色直方图,所提取的就是局部特征。

通常来说,好的特征应具有以下特点:

(1)具有较强的判别力,即可以通过该特征区分不同的物体。

(2)具有一定的不变性,例如对于旋转、平移以及缩放的不变性,即图像经过旋转、平移以及缩放之后,所提取的特征不发生变化或变化较小。

(3)计算简单,过于复杂的计算对于很多的具有实时性要求的应用来说是无法使用的。

由于全局特征受遮挡和视角变化等因素的影响比较严重,因此局部特征得到了越来越广泛的应用。局部特征是基于局部图像块提取的特征,其提取包括两个关键的步骤,即针对哪些图像块来提取特征和提取什么样的特征。可以通过角点检测的方法来选择角点所在的区域作为图像块来提取局部特征。

4.1 角点检测

计算局部特征时,需要选择那些具有判别力并且能够跟其他的图像块区分开来的图像块来计算。具有判别力的图像块可以用来进行两幅图像间的匹配,以及用来进行物体表示。此外图像块的选择要具有旋转、平移以及尺度不变性,即这个图像块进行旋转、平移以及尺度变化之后,依然与其周围的图像块不同,依然具有判别力。

图 4-1(a)中方框中的图像块就是一个判别力较差的图像块。该图像块与其周围的图像块(图 4-1(b)中的方框所示)非常相似。图 4-1(c)中方框中的图像块就是一个较

好的图像块，与其周围的图像块（图 4 - 1（d）中的方框所示）都不同，因此具有较强的判别力，可以有效地表现局部特征。

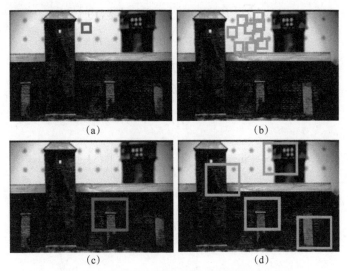

图 4 - 1　具有判别力和不具有判别力的图像块

4.1.1　Harris 角点的检测

Harris 角点检测[56]的思想认为，对于一个局部的小区域或小窗口，如果在各个方向上移动这个小窗口，窗口内的灰度/颜色都会发生较大变化时，则可以认为该小窗口包含角点；如果窗口在某一个方向移动，窗口内的灰度/颜色发生了较大的变化，而在另一些方向上没有发生变化，则窗口内包含边缘；如果窗口在图像各个方向上移动时，窗口内的灰度/颜色都没有发生变化，则该窗口就对应于平坦区域。角点如图 4 - 2 所示。

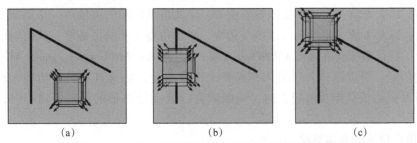

图 4 - 2　角点、边缘及平坦区域处的小窗口移动情况

（a）为平坦区域，往各个方向移动都没有变化；（b）为边缘区域，沿着边缘移动时无变化；
（c）为角点，任何方向上的移动都会引起剧烈的变化

对于图像 $I(x,y)$，当点 (x,y) 平移 (u,v) 后，其所在的小窗口的变化为

$$E(u,v) = \sum_{x,y} w(x,y) \left[I(x+u, y+v) - I(x,y) \right]^2 \qquad (4-1)$$

其中 $w(x,y)$ 是窗口函数，可以是常数，也可以是高斯加权函数。

根据泰勒展开，对图像 $I(x,y)$ 在平移 (u,v) 后进行一阶近似

$$I(x+u,\ y+v) \approx I(x,\ y) + uI_x(x,\ y) + vI_y(x,\ y) \qquad (4-2)$$

其中I_x和I_y是图像$I(x,y)$的偏导数，当在点(x,y)处平移(u,v)后，其所在的小窗口的变化可以简化为

$$\sum[I(x+u,y+v)-I(x,y)]^2$$
$$\approx\sum[I(x,y)+uI_x+vI_y-I(x,y)]^2$$
$$=\sum u^2I_x^2+2uvI_xI_y+v^2I_y^2$$
$$=\sum[u\ \ v]\begin{pmatrix}I_x^2 & I_xI_y\\I_xI_y & I_y^2\end{pmatrix}\begin{pmatrix}u\\v\end{pmatrix} \tag{4-3}$$
$$=[u\ \ v]\left(\sum\begin{pmatrix}I_x^2 & I_xI_y\\I_xI_y & I_y^2\end{pmatrix}\right)\begin{pmatrix}u\\v\end{pmatrix}$$

即

$$E(u,v)\approx[u\ \ v]M\begin{pmatrix}u\\v\end{pmatrix} \tag{4-4}$$

其中

$$M=\sum_{x,y}w(x,y)\begin{pmatrix}I_xI_x & I_xI_y\\I_xI_y & I_yI_y\end{pmatrix} \tag{4-5}$$

判断一个像素是否是角点可以通分析矩阵M的特征值来进行。当矩阵M的两个特征值都很大，并且两个特征值的差别不大时，对应的像素就是角点；当两个特征值差别很大时，对应的则是边缘；当两个特征的绝对值都比较小时，对应的是平坦区域。

Harris角点检测方法并不需要计算具体的特征值，而是通过计算一个像素的角点响应值R来判断该像素是否为角点。R的计算公式为

$$R=\det(M)-k(\text{trace}(M))^2 \tag{4-6}$$

式中，$\det(M)$为矩阵M的行列式；$\text{trace}(M)$为矩阵M的迹；k为经验常数，取值范围为$0.04\sim0.06$。增大k值，将减小角点响应值R，降低角点检测的灵敏度，从而减少检测到的角点的数量；减小k值，将增大角点响应值R，增加角点检测的灵敏度，从而增加检测到的角点的数量。特征值隐含在$\det(M)$和$\text{trace}(M)$中，即$\det(M)=\lambda_1\lambda_2$，$\text{trace}(M)=\lambda_1+\lambda_2$。计算出$R$的值后，可以通过$R$的值来判断某个像素点是否是角点。当$R$值较大时，该像素为角点；当$R$值为负且绝对值较大时，该像素为边缘；当$R$值的绝对值较小时，该像素为平坦区域。

Harris角点检测的具体算法为：

（1）计算图像$I(x,y)$在x和y两个方向的梯度I_x，I_y。

（2）计算图像两个方向梯度的乘积I_xI_y。

（3）使用窗口函数（高斯/常数）对I_x^2、I_y^2和I_xI_y进行加权求和，生成矩阵M。

（4）计算每个像素的Harris响应值R，并将小于某一阈值t的R置为零。

（5）在3×3或5×5的邻域内进行非最大值抑制，局部最大值点即为图像中的Harris角点。

Harris角点检测具有以下性质：

（1）Harris角点检测对亮度和对比度的变化不敏感，这是因为在进行Harris角点检测

时，使用了微分算子对图像进行微分运算，而微分运算对图像的亮度和对比度的变化不敏感，即亮度和对比度的变化并不会改变 Harris 响应的极值点出现的位置，但是选择不同的阈值可能会影响角点检测的数量。

（2）Harris 角点检测具有旋转不变性。Harris 角点检测算子使用的是角点附近区域的灰度二阶矩矩阵，而二阶矩矩阵可以表示成一个椭圆，椭圆的长短轴是二阶矩矩阵特征值平方根的倒数。当特征椭圆转动时，特征值并不发生变化，所以角点响应值 R 也不发生变化，因此可以说明 Harris 角点检测算子具有旋转不变性，而其他的角点检测方法一般也具有旋转不变性。这是由于从直观上看，角点在图像旋转后依然是角点。

（3）Harris 角点检测不具有尺度不变性。

如图 4 - 3 所示，在左图中以一定大小的窗口进行角点检测时，检测不到角点，检测到的都是边缘。当左图被缩小时，在检测窗口尺寸不变的前提下，当该窗口向任意方向移动时，该窗口内所包含图像的内容都会发生较大的变化。左侧的图像可能被检测为边缘或曲线，而右侧的图像则可能被检测为一个角点。这说明了 Harris 角点检测不具有尺度不变性。

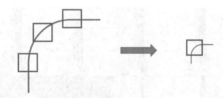

图 4 - 3　Harris 角点检测不具有尺度不变性

4.1.2　SIFT 的检测

SIFT[57]可以在图像中检测多尺度的特征点，包括特征点的检测与特征点的表示两部分。

从图 4 - 3 中可以看出，使用同样大小的窗口是不能检测多个尺度上的特征点的。对于小尺度上的特征点，使用小窗口可以进行检测；对于大尺度上的特征点，则需要大的窗口来检测。检测尺度不变特征的基本想法是建立图像的金字塔表示，然后在三维的尺度空间 (x,y,σ) 中寻找极值点。其中，σ 表示尺度。

例如，可以使用不同尺度的高斯拉普拉斯（Laplacian of Gaussian，LOG）滤波器来检测不同尺度上的特征点。具有较小尺度的 LOG 对于小的特征点会有较大的响应，而具有较大尺度的 LOG 对于大的角点会有较大的响应，因此可以通过在图像尺度空间 (x,y,σ) 中找到一系列的局部极值来检测不同尺度上的特征点。

由于在多个尺度上计算 LOG 的运算量过大，因此 SIFT 使用高斯差分（Difference of Gaussians，DOG）来近似计算 LOG。高斯差分是通过对图像使用不同尺度的高斯核进行平滑，然后求差得到的，如图 4 - 4 所示。图 4 - 5 所示为高斯差分图像示例。对于原始图像，使用不同尺度的高斯核进行模糊，相邻图像求差得到高斯差分图像，然后再将图像长宽各缩小一半，使用不同尺度的高斯核进行模糊，相邻图像求差得到下一级的高斯差分图像。

得到高斯差分图像后，需要在空间和尺度上寻找局部极值。对于一个像素来说，就是将

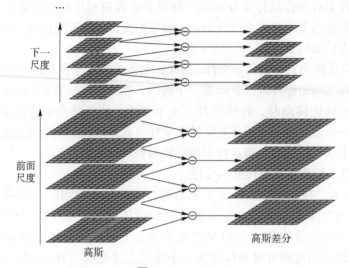

图 4 - 4 DOG

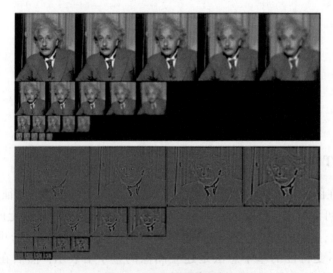

图 4 - 5 DOG 图像示例

其与同一尺度上的 8 个邻近像素以及在上一尺度和下一尺度上的 18 个邻近像素进行比较。若该像素是这 26 个像素中的极值点，则该像素是一个候选特征点，如图 4 - 6 所示。

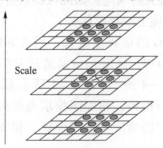

图 4 - 6 通过比较当前尺度以及相邻尺度上的 26 个邻近点找到局部极值[57]

当找到一系列候选特征点后，需要丢弃对比度较低的候选特征点。此外，由于 DOG 对于边缘部分也有较强的响应，因此也需要去除位于边缘上的特征点。SIFT 检测示例如图 4-7 所示。采用类似于 Harris 角点检测的思想，计算候选特征点对应的 2×2 的海森矩阵（Hessian Matrix）的特征值，若两个特征值的比值大于给定阈值，则说明该候选特征点位于边缘上，应丢弃该候选特征点。

（a）　　　　　　　　　　　（b）　　　　　　　　　　　（c）

图 4-7　SIFT 检测示例

（a）各个尺度上的 DOG 图像中的局部极大值；（b）去除低对比度点后的候选点；
（c）去除位于边缘上的点后的候选点

　　然后为每个特征点设置一个主方向，以得到对于旋转具有不变性的特征表示。计算特征点的主方向时，首先应计算其邻域中的梯度方向直方图，直方图中的峰值对应的方向作为特征点的主方向。若其邻域中的梯度方向直方图中有两个或两个以上的峰值，则为每个峰值再分离出一个特征点；若一个特征点邻域内的梯度方向直方图中有两个峰值，则将这个特征点看作是两个特征点，这两个特征点具有相同的位置、尺度以及不同的主方向，因此对于 SIFT 特征点，其包含四个维度的信息，即位置 (x,y)、尺度 (σ) 以及主方向。

4.2　区域表示

　　检测到特征点之后，要在以特征点为中心的一个邻域内建立特征点的表示。一个好的表示要具有一定的对于旋转、平移、缩放以及光照变化的不变性。例如，对于特征点匹配来说，两幅图像的拍摄条件可能不同，包括不同的光照、不同的相机、不同的视角等，因此对于特征点的表示需要具有对这些条件的不变性，才可以有效地进行匹配。例如，使用正方形邻域内的像素来表示 Harris 角点的，则 Harris 角点的检测具有旋转不变性，但是其表示就不具备旋转不变性；而若采用圆形邻域内的像素来表示 Harris 角点，则该表示就具有对于图像平面内旋转的不变性。

4.2.1　梯度方向直方图

　　一个好的特征点的表示应该具有以下性质：当中心的位置有少许误差时，该表示的变化不大；当邻域的大小有少许变化时，该表示的变化不大；当邻域的光照发生变化时，该表示的变化不大；同时，由于具有较大幅值的梯度比具有较小幅值的梯度更为稳定，因此具有较大幅值的梯度应该在表示中更为重要。

　　直接使用邻域内的像素值来进行区域表示对于光照的变化过于敏感。使用区域内的边缘来进行表示对于光照变化具有一定的不变性。例如，当光照变亮时，虽然由于不同物体的反照率不同，而导致位于不同物体上的像素的像素值的增加量也不同，但是像素间的相对明暗一般不会发生变化，边缘依然是边缘，只是边缘的幅值大小会发生变化，但是边缘的方向一般不会发生变化。此时，具有较大幅值的边缘比具有较小幅值的边缘要更加鲁棒。

根据这些观察，可以使用邻域内利用梯度幅值加权的梯度方向直方图来表示特征点的邻域，同时，为了克服直方图不考虑位置信息的缺点，使表示更具判别力，可以将邻域划分为多个小的窗口，然后，在每个小窗口内计算梯度方向直方图，并将所有窗口内的梯度方向直方图连接起来作为最终的区域表示。

梯度方向直方图（Histogram of Oriented Gridient，HOG）[58] 就是基于上述思想来进行区域表示的，即目标的外观和形状可以使用梯度方向的分布来进行描述，而无须知道具体的梯度大小和边缘的位置。计算 HOG 时，可以将图像分为小的胞元（cells），计算每个胞元内的一维的梯度方向直方图，同时，为了对光照等变化具有更好的不变性，需要对梯度方向直方图进行归一化。归一化时可以将胞元组成更大的块（blocks），将块内的所有胞元统一进行归一化。归一化后的块描述符称为 HOG 描述子。将检测窗口中的所有块的 HOG 描述子组合起来就形成了最终的特征向量，将其作为对于窗口的特征表示。

在建立梯度方向直方图时，首先，将梯度方向划分为若干个区间；其次，将胞元内的每个像素点的梯度方向以梯度幅值作为权重投影到这些区间中，便可以得到一个胞元对应的梯度方向直方图。显然，一个胞元的梯度方向直方图的维数为所划分的区间的个数，每维的大小为投影到该区间上的梯度幅值之和。例如，针对如图 4-8 所示的梯度方向和梯度幅值，若将所有的梯度方向分为 9 个区间，每个区间的中心角度分别为 10°，30°，⋯，170°，使用梯度幅值的大小作为权重，则计算得到的结果如图 4-9 所示。

1 ↑	2 ↖	1 ↑
3 ↑	4 ↖	4 ↑
1 ↑	2 ↗	1 ↑

图 4-8　梯度方向和梯度幅值示例

（图中数字表示梯度幅值的大小，箭头方向表示梯度的方向）

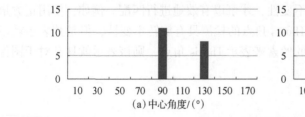 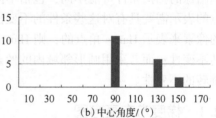

图 4-9　HOG 的计算结果

（a）直接计算的结果；（b）将梯度方向通过加权累加到两个相邻的区间中得到的结果

但是这样计算得到的表示存在着不稳定的问题。设想针对上述的区间划分，如果某些像素的梯度方向为 141°，则这些像素的梯度方向会被累加到中心角度为 150°的区间中，而如果由于噪声影响，或者图像发生了轻微的旋转，那么这些像素的梯度方向被计算为（或变为）139°，则这些像素的梯度方向会被累加到中心角度为 130° 的区间中，从而由于噪声或者轻微旋转的影响，计算得到的梯度方向直方图将会变化很大，也就是说所得到的表达对于噪声或者旋转不具有鲁棒性。因此，需要将梯度方向通过加权累加到两个相邻的区间中。例如，对于梯度方向为 135° 的那些像素，需要将其累加到中心角度为 130° 和 150° 的两个区间中，权重分别为 0.75 和 0.25，即梯度方向与某个区间的中心角度越接近，则该区间对应的权重越大，通过这种方式得到的梯度方向直方图如图 4-9（b）所示。此时得到的梯度方向直方图对于噪声或者轻微旋转将具有较好的鲁棒性。

实际使用时，将一个窗口划分为若干个块，每个块包含多个胞元，通过将块中的所有胞元的梯度方向直方图连接起来，可以得到块对应的梯度方向直方图。然后将窗口中的所有块的梯度方向直方图连接起来，就可以得到整个窗口的梯度方向直方图。

窗口内块与块之间是可以有重叠的。论文[58]中所推荐的检测窗口大小为 64×128，其水平方向包括 $(64 - 8 \times 2) / 8 + 1 = 7$ 个块，这里的 64 为窗口宽度，每个块包括 2×2 个胞元，每个胞元包括 8×8 个像素，块水平移动的步长为一个胞元的宽度，即 8 个像素。其垂直方向包括 $(128 - 8 \times 2) / 8 + 1 = 15$ 个块，因此窗口中一共包含 $7 \times 15 = 105$ 个块，每个块的梯度方向直方图的维数为 $9 \times 4 = 36$，那么整个窗口的 HOG 特征向量的维数为 3 780。

4.2.2　SIFT 的表示

在检测到 SIFT 特征点后，即得到了 SIFT 特征点的位置、尺度和方向信息后，就需要生成特征点对应的特征向量，SIFT 特征点的特征向量的计算包括以下三个步骤：

（1）校正主方向以得到旋转不变性。

SIFT 的表示与 HOG 非常类似，也是取特征点的一个邻域，使用邻域内的梯度方向直方图来表示。有一点重要的区别是 SIFT 在计算梯度方向直方图时，是相对特征点的主方向来计算的，从而使计算出的表示具有旋转不变性。具体即以特征点为中心，将坐标轴旋转特征点的主方向对应的角度，即将坐标轴旋转为与特征点的主方向重合。

（2）生成 128 维的特征向量。

如图 4-10 所示，每个梯度方向直方图是 8 维的，每个特征点的表示包括 4×4 个梯度方向直方图（为了便于显示，图 4-10 中使用了 2×2 个梯度直方图来示意），因此 SIFT 的特征描述符为 128 维。

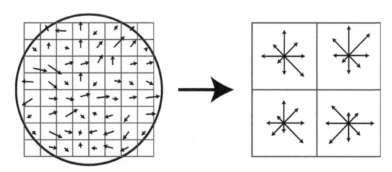

图 4-10　SIFT 描述子计算过程

（3）归一化处理来去除光照的影响。

为了使 SIFT 的表示具有对于光照变化的不变性，需要对这个 128 维的向量进行归一化。具体为归一化特征向量，使其模为 1。这样当图像中像素的梯度幅值整体变大或者变小时，所得到的描述符是不变的，然后强制单位向量中每一维的大小都不能大于 0.2，即如果有的维度的值大于 0.2，则将其设置为 0.2，然后重新将向量归一化为模为 1 的向量。这样做是为了避免对梯度幅值很大的像素的影响过大，而更多地考虑梯度方向的分布信息。

思考题

1. 对于一个人，请列举出其全局特征和局部特征。

2. 对于 SIFT 特征点，若其邻域内有两个以上的方向都很显著，则可以根据主方向将一个 SIFT 点分为两个或多个。请问这样做的好处是什么？

3. 给出两幅图像，在每幅图像中检测出 SIFT 特征点并得到每个特征对应的 128 维的特征向量后，应如何将两幅图像中的 SIFT 特征点进行匹配？

4. 请分析，在计算梯度方向直方图时，如果增加或减少所划分的梯度方向区间的数目，对于最终得到的特征表示会有何影响。

5. 请编程实现 Harris 角点检测并观察式（4-6）中 k 值的变化对角点检测结果的影响。

6. 请分析，检测 SIFT 特征点时，为什么需要丢弃对比度较低的候选特征点。

第5章
纹 理 分 析

5.1 纹理简介

纹理是广泛存在的，很容易被识别，但是又很难定义的一种现象。现实世界中存在大量的纹理。如图5-1所示，分别显示了在可见光、X射线、航拍、微观等各种成像方式下的纹理图像。一般来说，纹理会包含重复出现的模式，即同样的小图像块会以某种方式重复出现多次，同时，这些小图像块可能由于视角变化等原因会存在一定的变形。

自然图像中的纹理

微观纹理图像　前列腺癌图像　　　航拍图像　合成孔径雷达图像　　光场图像　胸部结节图像 X射线图像

图5-1　纹理图像示例

[图片引自 Liu 等（2019）]

纹理反映了图像中灰度或颜色的空间分布情况，并不关心灰度或颜色的具体的值，而且纹理受尺度的影响很大。纹理与尺度如图5-2所示。其中图5-2（a）为树叶的纹理；图5-2（b）为树叶的形状的尺度中，图像对应的是树叶的纹理；在右图的尺度中，对应的就是树叶的形状，而不是纹理了。

（a）　　　　　　　　　　　　　　　（b）

图5-2　纹理与尺度

（a）树叶的纹理；（b）树叶的形状

纹理可以由场景中不同表面间的反照率变化产生，如衣服上的图案所形成的纹理；或者由表面的形状变化产生，如树皮的纹理；或者由很多小的元素组成，如很多树叶形成的纹理。另外，通过纹理可以推断场景的信息也可以辨别物体以及分析物体的形状。如图 5 – 3 所示，可以通过纹理来分辨不同的表面，如地面、植物和建筑物等。

图 5 – 3　通过纹理分辨不同的表面

[图片引自 Forsyth 等（2002）]

纹理分析包括两个重要的问题，一是如何表示纹理，二是如何进行纹理的合成。

5.2　纹理的表示

5.2.1　灰度同现矩阵

灰度同现矩阵（Gray Level Cooccurrence Matrix，GLCM）[61]是一种通过研究灰度的空间相关特性来描述纹理的方法。由于纹理是由灰度分布在空间位置上反复出现而形成的，因此在图像空间中相隔某距离的两像素之间会存在一定的关系，即图像中灰度的空间相关特性。灰度直方图是对图像上每个像素具有的灰度进行统计的结果，而灰度同现矩阵是对图像上保持某距离的两个像素分别具有的灰度值的情况下进行统计而得到的。

灰度同现矩阵 $P[i,j]$ 是一个二维相关矩阵。规定一个位移矢量 $d = (d_x, d_y)$，计算被 d 分开且具有灰度级 i 和 j 的所有像素对的个数就可以得到灰度同现矩阵。图 5 – 4 所示为灰度同现矩阵的示例。对于一幅包含三个灰度级的图像，其灰度同现矩阵为一个 3×3 的矩阵，$P[0,0]$ 表示被位移矢量 d 分开，且具有灰度值 0 和 0 的像素对的个数。针对同一幅图像，给定不同的位移矢量，可以得到不同的灰度同现矩阵。将灰度同现矩阵除以满足位移矢量的像素对的总数，可以得到归一化的灰度同现矩阵。

灰度同现矩阵表示了图像中的灰度在空间中的分布信息。由于具有灰度级 $[i,j]$ 的像素对的数量不一定等于具有灰度级 $[j,i]$ 的像素对的数量，因此灰度同现矩阵是非对称矩阵。通过归一化后的灰度同现矩阵，可以计算出纹理对应的用于度量灰度级分布的随机性的熵：

$$熵 = - \sum_i \sum_j P[i,j] \lg P[i,j] \tag{5 – 1}$$

另外，还可以通过归一化同现矩阵计算纹理的能量特征、对比度特征以及均匀度特征熵

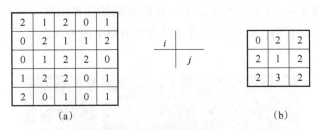

图 5 - 4　灰度同现矩阵

（a）一幅具有三个灰度级的 5×5 图像；（b）灰度同现矩阵，对应的位移矢量为（1，1）

值是纹理内容随机性的量度，熵值越大表示随机性越强；能量特征反映了纹理的均匀性或平滑性，能量小则纹理比较均匀或平滑；对比度是反映纹理点对中两个像素间灰度差的度量，灰度差大的点对较多则对比度较大，纹理较粗糙，反之纹理较柔和；均匀度反映的是纹理的均匀程度。

$$能量 = \sum_i \sum_j P^2[i,j] \qquad (5-2)$$

$$对比度 = \sum_i \sum_j (i-j)^2 P[i,j] \qquad (5-3)$$

$$均匀度 = \sum_i \sum_j P[i,j]/(1+|i-j|) \qquad (5-4)$$

灰度同现矩阵适合用于描述微小纹理。灰度同现矩阵的大小只与最大灰度级有关，而与图像大小无关，易于理解和计算。其缺点是由于灰度同现矩阵并没有包含形状信息，因此不适合用于描述含有大面积基元的纹理。

5.2.2　词袋模型

纹理是由一些元素以某种方式重复出现而形成的。这些元素称为纹理基元。可以通过首先找到纹理基元，然后总结纹理基元重复出现的方式，来表示和分析纹理。第 3 章介绍了滤波器可以视为模式检测器，因此可以用各种模式的滤波器来检测各种模式的纹理基元。

但是纹理基元所具有的模式近乎无穷，而且往往很难进行描述和检测。此时可以通过另外一种方式来间接描述纹理，即可以首先找到纹理基元的子元素，这些子元素一般都是各种点以及各种边。然后通过总结这些子元素的出现方式来间接描述纹理，而这些子元素的数量相对于纹理基元的数量就要少得多了，可以通过各种滤波器来进行检测。

基于以上观察，在描述纹理时，首先，选取一系列的滤波器（这些滤波器具有不同的大小，方向以及尺度），每个滤波器都表示了一种模式，包括各种点以及各种方向的边；其次，使用这些滤波器对图像进行滤波，并对滤波的结果进行矫正。通常使用半波（half wave）的方式进行矫正，即对于一个滤波器F_i，对其与图像的滤波结果进行操作，得到两个矫正后的结果$\max(F_i * I)$和$\max(0, -(F_i * I))$。进行矫正是为了避免后续进行平均等操作时，将深色前景浅色背景的响应与深色背景浅色前景的响应平均掉。对矫正后的滤波响应进行某种形式的总结。例如，求最大值、求平均等。这些总结可以在不同的尺度上捕获邻近元素的信息从而得到对纹理的整体描述，然后对每一个像素可以使用一个总结向量来描述，这个向量的维度为采用的滤波器的数目乘以 2。

各种滤波器如图 5 - 5 所示，其显示了一些典型的滤波器图像，包括有向滤波器和与方向无关的滤波器。可以看出，这些滤波器可以检测图像中的各种边以及点，作为纹理基元的子元素来描述纹理。

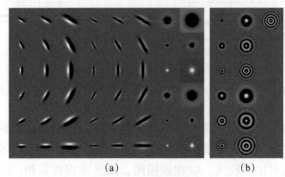

(a)   (b)

图 5 - 5　各种滤波器

[图片引自 Forsyth 等（2002）]

每一个像素的总结向量表示了在这个像素位置上，各种滤波器的响应组合。如果只有水平边缘滤波器和垂直边缘滤波器两个滤波器，那么每个像素的总结向量就是一个四维向量（每个滤波器经过矫正后会有两个响应图）。向量 $[1,1,0,0]$ 就表示在这个像素位置上有较强的水平边缘，而没有垂直边缘。对于整个的纹理图像，可以计算其包含的像素的总结向量的直方图来进行表示。通过直方图可以得到纹理的各种统计信息。例如，包含的水平边缘比较多，垂直边缘比较少等。

在实际计算中，像素总结向量的表示是连续的，即滤波器的响应都是连续值。即上面例子中的总结向量可能是 $[1.1,1,0.2,0]$，从而在得到每一个像素的总结向量后，并不能简单地对这些向量进行计数来计算直方图。即使将总结向量离散化，得到离散的总结向量也依然不能直接计算总结向量的直方图。其原因是，总结向量的维度一般很高，直接计算直方图，直方图所包含的元素的数量过于巨大。例如，对于一个 10 维的向量，若每一维有 10 个可能取值，则直方图就会有 10^{10} 个元素。

使用词袋（Bag of Words）模型可以解决以上问题。首先，建立一个字典，或者码本。字典中包含了 N 个字（向量）；其次，给定一个向量，看其与字典中的哪个字（向量）比较相似（距离比较近），就使用该字（向量）来表示这个向量，从而可以建立字典中各个字（向量）出现频率的直方图。直方图的元素的数量就是字典中字的数量。基于词袋的纹理的表示方法如图 5 - 6 所示。

给定很多像素的总结向量，建立字典的方式通常是使用聚类的方法。K - means 是常用的一种聚类方式。K - means 算法中的 K 代表类别的个数，means 则代表类内数据对象的均值，这种均值可以看作是一种对类中心的描述，因此，K - means 算法又称为 K - 均值算法。K - means 算法是一种基于划分的聚类算法，以样本间的距离作为样本间相似性度量的标准，即样本间的距离越小，则它们的相似程度就越高，就越有可能位于同一个类中。样本间距离的计算有很多种，K - means 算法通常采用欧氏距离来计算样本间的距离。

K - means 算法的过程如下：

（1）输入 K 值，即指定希望通过聚类得到的类别的数目。

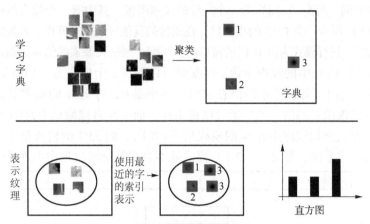

图 5 - 6　基于词袋的纹理的表示方法

（2）从数据集中随机选取 K 个样本作为初始的聚类中心。

（3）对集合中的每一个样本，计算其与每一个初始的聚类中心的距离，将该样本划分到距离最近的类别中。

（4）计算每个类别的均值作为新的聚类中心。

（5）如果新的聚类中心和旧的聚类中心之间的距离小于给定的阈值，则表示重新计算的聚类中心的位置变化不大，聚类趋于收敛，算法终止。

（6）如果新的聚类中心和旧的聚类中心之间的距离变化大于给定设置的阈值，则重复步骤（3）～（5）。

基于词袋模型的纹理表示的算法过程如下：

（1）建立字典。

收集很多的纹理样本，对于样本中的每个像素计算一个总结向量，这个总结向量可以是该像素邻域中的像素值连接而成的向量，也可以是通过各种滤波器得到的总结向量。使用 $K-means$ 聚类得到 C 个聚类中心，作为字典中的字，其中 C 为指定的字典中字的数目。

（2）使用字典中字的直方图表示纹理。

对于纹理图像中的每个像素，计算其总结向量。判断该总结向量与字典中的哪个字最相似，使用该字的索引来表示这个总结向量；使用每个像素的总结向量对应的字典中的字出现的次数来建立纹理的直方图表示。

5.3　纹理的合成

纹理合成是指给定一小块纹理图像，通过算法生成一大块该纹理图像的过程。纹理合成在图形学以及图像填洞等方面有着重要的应用。

从最简单的情况开始介绍纹理的合成方法。假设给定一块纹理图像，其中有一个像素的值是缺失的。合成这个像素的值，可以通过匹配该像素周围的窗口来进行。即选取该像素周围的一个窗口，在图像的其他区域进行匹配，找到和该窗口最匹配的窗口，使用匹配窗口中心像素的值来填充这个像素，通过计算两个窗口的误差平方和（Sum of Squared Differences，SSD）来进行匹配。

以一维图像示例，图 5-7 (a) 为一个一维的纹理图像，其中有一个像素的值缺失了，则可以使用图 5-7 (b) 所示一个 1×3 的小窗口，在图像的其他区域进行匹配。匹配时，缺失的像素不参与匹配。此时，只有模式为[1 0 1]的窗口与其匹配，则缺失像素的值可以确定为零。

而对于图 5-7 (c) 中的纹理图像，匹配时可以得到 2 个模式为 [1 0 1] 和 1 个模式为 [1 2 1] 的窗口。此时可知该像素的值有 67% 的概率是 0，有 33% 的概率是 2。此时可以通过随机采样来获得该像素的值。此处通过随机采样，而不是直接取概率高的像素值，是为了保持纹理的一致性。例如纹理中 67% 的模式是 [1 0 1]，而 33% 的模式是 [1 2 1]，如果补全时只取概率高的像素值，那么 [1 2 1] 模式就不会在补全的纹理中出现了。

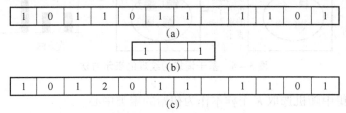

图 5-7　纹理合成示例

在进行窗口间的匹配时，往往不能简单地设定一个阈值，然后选取那些距离小于阈值的窗口来进行纹理补全。这是由于很有可能找不到一个满足阈值的窗口。更好的策略是选择所有距离小于 $(1+\alpha)s_{\min}$ 的窗口。其中，$s_{\min}$ 是与待匹配窗口距离最近的窗口与待匹配窗口之间的距离，α 是参数，从而可以保证每次都可以找到匹配的窗口进行纹理合成。

纹理合成时选取窗口的大小对于纹理合成效果有着很大的影响，如图 5-8 所示。当选取的窗口过小时，无法捕捉到纹理较大尺度上的特征。以图 5-8 中第一行的点状纹理为例，当窗口很小，无法捕捉到点的形状特征时，生成的纹理就是一些条纹；当窗口变大一些后，生成的纹理具有环形的特点，但是没有捕捉到环形之间均匀分布的特点；当窗口变得更大后，就可以生成均匀分布的纹理了。

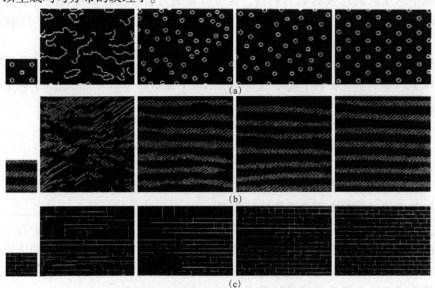

图 5-8　纹理合成时选取窗口的大小对于纹理合成效果的影响

[图片引自 Forsyth 等 (2002)]

　　以像素为单位进行纹理合成（图 5 - 9）往往速度很慢，所以在纹理合成的时候一般是以图像块为单位进行，合成的方式与基于像素的方式类似。例如，基于图像缝合的纹理合成方法[62]，首先，从原始的纹理图像中随机抽取一小块图像，放在空白的目标图像上；其次，按照从左到右、从上到下的顺序进行纹理生成。在原始纹理图像中寻找与图中方框所示区域最相似的图像块，寻找时不计算方框中网格的部分，仅使用方框中网络以外的部分来计算图像块之间的相似度。图像块之间的相似度使用 SSD 来计算，然后选取那些距离小于阈值的窗口来进行纹理补全。类似基于像素的纹理生成方法，可以从距离小于阈值的窗口中随机选择一个窗口放在图中方框所示的位置。

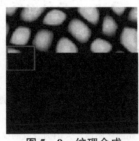

图 5 - 9　纹理合成

［图片引自 Efros 等（2001）］

　　若将选中的图像块直接拼接到目标图中，则两个图像块之间的过渡部分一般会有拼接的痕迹。如图 5 - 10 所示，此时，可以通过在选中的图像块和原来的图像块的重叠的部分找到一条路径来拼接两个图像块，以消除图像块间的拼接痕迹。

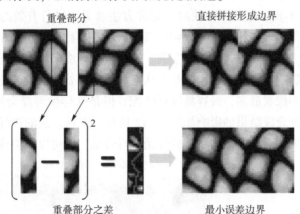

图 5 - 10　消除图像块间的拼接痕迹

［图片引自 Efros 等（2001）］

　　首先，计算重叠部分的差的平方，即对应位置的像素值相减并求平方，得到一个误差图；其次，在误差图上计算一条误差最小的路径作为两块纹理图像的分界来合并两块纹理图像。可以使用贪心算法来寻找这条路径。先找到误差图中第一行中具有最小误差的像素的位置，假定该像素的位置为 $(x, 1)$，接着搜索第二行的 $(x-1, 2)$，$(x, 2)$，$(x+1, 2)$ 三个位置，选择误差最小的位置，若 $(x-1, 2)$ 为三个位置中误差最小的位置，则第三行需要搜索的位置为 $(x-2, 3)$，$(x-1, 3)$，$(x, 3)$，依此类推直到最后一行。图 5 - 11 所示为纹理合成效果示例，其显示了基于图像缝合的纹理合成方法合成的纹理。

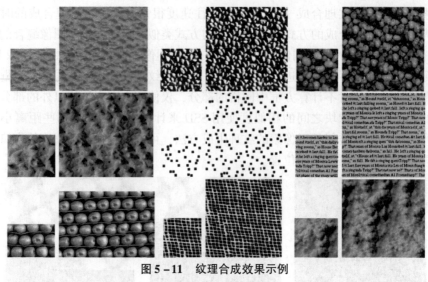

图 5 – 11   纹理合成效果示例

[图片引自 Efros 等（2001）]

（小图为原始问题图像，大图为合成的纹理图像）

纹理合成可以用于填充图像中的空洞。例如，去掉图像中某个人物或物体后留下的空洞。图像填洞可以从已知的区域中寻找与包含空洞的图像块相似的图像块（匹配时不考虑空洞部分），然后用找到的图像块替换包含空洞的图像块[63]。这种复制－粘贴的方法适合于填充由于移除背景中的物体而产生的空洞。当可以找到与包含空洞的图像块相同的图像块时，效果较好；当找不到相似的图像块时，这种方法就无法进行有效的工作了。

若空洞所在的图像区域是相对不太规则的纹理区域，导致无法找到相似的图像块来进行填充时，则可以通过合成纹理的方式来填充空洞。通过纹理合成来填充空洞时，填充像素的顺序会对结果产生很大的影响。一般来说，都是先从空洞的边界处来合成纹理的，这是由于这些地方的像素其周围的已知像素最多，最容易进行匹配，但是这样做可能会使图中的长边界消失。纹理合成的顺序对纹理合成结果的影响如图 5 – 12 所示。若从空洞的边缘处进行合成的话，则会使图像中的灯杆消失；而从图像边缘部分开始进行合成，则可以保留这些长边缘。

从空洞边缘开始合成

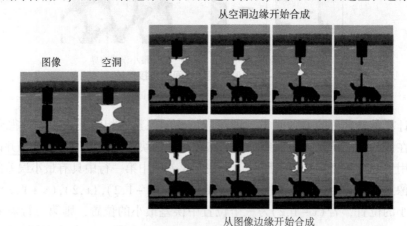

从图像边缘开始合成

图 5 – 12   纹理合成的顺序对纹理合成结果的影响

[图片引自 Criminisi 等（2004）]

目前，图像空洞的填充方法已经可以取得足以乱真的效果。图 5 – 13 所示为图像空洞填充方法的效果。

初始图像　　　　　　　　　　　　去除人物后的图像

初始图像　　　　　去除人物后的图像　　　　移动人物后的图像

初始图像　　　　　　空洞　　　　通过填洞扩展后的图像

图 5 – 13　图像空洞填充方法的效果

[图片引自 Bugeau 等（2010）]

思考题

1. 请分析，使用词袋模型表示纹理时，字典中字的数目对于最终的纹理表示效果的影响。

2. 灰度直方图也是一种词袋模型吗？如果是，那么其字典中的字是什么？

3. 请分析对于彩色图像，应该如何计算类似于灰度同现矩阵的彩色同现矩阵。

4. 请分析 K – means 聚类方法的优缺点。

5. 编程实现基于图像缝合的纹理合成方法并分析纹理合成时选取的窗口大小对纹理合成效果的影响。

第6章
图 像 分 割

图像分割是中层视觉问题，也是计算机视觉中的经典问题。自20世纪60年代以来，很多图像分割的算法被提出，并且被广泛应用于医学影像分析、智能交通、气象预测、地质勘探、人脸识别等诸多领域中。

图像分割是指根据一定的准则将图像划分成不同区域的过程。中层视觉的目标主要是解决如何在底层视觉的基础上得到紧致并且具有表达力的图像表示的问题，而图像分割可以将图像划分为若干个子区域，以便于进一步对各子区域进行表示，实现中层视觉对图像进行抽象表达的目的。

从人的感知机制来看，图像分割与人的感知机制具有类似的方面。人类的视觉会下意识地将看到的东西进行分组，物体或场景的上下文将影响人们对物体或场景的感知。分组一般是依据格式塔因素进行。格式塔是由德国心理学家 Max Wertheime 等[70] 在20世纪早期提出的，其基本思想是，当若干个元素具有一个或者多个相同的属性时，人们倾向于将这些元素组合在一起，形成一个较大的视觉元素。这些属性包括邻近性、相似性、封闭性、连接性以及对称性等。格式塔的相关理论已经被广泛应用于计算机视觉、计算机图形学等领域的研究中。例如，场景补全、图像和场景的抽象、线画图的分析与合成以及生成新的图像等。这些感知机制也被广泛地应用于图像分割方法中。

6.1 图像分割的定义

给定一幅图像 I 和一个一致性逻辑谓词 P，将图像分割为 n 个区域 R_i 需要满足以下条件：

（1） $\bigcup_{i=1}^{n} R_i = I$；

（2） R_i 为连续区域，对所有 $i = 1, 2, \cdots, n$；

（3） $R_i \cap R_j = \phi$，对所有 $i \neq j$；

（4） $P(R_i) = \text{TRUE}$，对所有 $i = 1, 2, \cdots, n$；

（5） $P(R_i \cup R_j) = \text{FALSE}$，对所有 $i \neq j$。

即所有区域的并集为整个图像（条件（1）），每一个区域是一个连续的区域（条件（2）），区域之间的交集为空（条件（3）），对于每一个区域，一致性逻辑谓词 P 成立（条件（4）），对于任何两个区域的并集，一致性逻辑谓词 P 不成立（条件（5））。若要将图6-1中的图像分割为两个区域，一致性逻辑谓词为区域内的像素具有相同的颜色，则应将其中的图像分为左右两部分；而其他分割方式都不满足上述条件。这也是图像分割的基本假设，即同一区域内的像素具有相似的视觉特征，而不同区域的像素具有不同的视觉特征。

图 6 - 1 图像分割示例

一致性逻辑谓词可以有多种形式，如具有相同/相似的颜色，具有相同/相似的纹理等。图像分割的过程就是对图像中的每一个像素赋予一个标签的过程，具有相同标签的像素属于同一区域，而属于同一区域的像素则具有某种相似的视觉特征。

6.2 基于区域的图像分割方法

在图像分割研究的早期，通常是基于图像分割的基本假设，即同一区域内的像素具有相似的视觉特征，而不同区域的像素具有不同的视觉特征，来进行图像分割。根据图像分割的基本假设，采用两类策略对图像进行分割，一类是利用图像中不同子区域内的相似性，即在图像的子区域内，像素通常具有某种性质的一致性，如具有一致的颜色、灰度或者纹理；另一类则是利用不同子区域间的不连续性，即不同子区域间存在信息的突变（即存在边缘）来进行图像的分割。通过边缘检测算法找到图像中可能的边缘点后，再把可能的边缘点连接起来形成封闭的边界，从而形成不同的分割区域。边缘检测的方法在第 3 章中已经介绍过，本节将主要介绍基于区域的图像分割方法。

与基于边缘的分割方法不同，基于区域的分割方法考虑的是在分割的子区域内部，像素应该具有相同或者类似的视觉特性。通过迭代将临近的并且具有相似性质的像素或者区域进行合并来最终实现图像的分割。

6.2.1 区域生长法

区域生长法的基本思想是将具有相似性质的像素聚集到一起构成区域。首先，指定一个种子像素或种子区域作为区域生长的起点；然后，对其邻域中的像素进行判断，若与种子像素具有相同或者相似的性质，则合并该像素。新合并的像素继续作为种子向周围邻域生长，直到周围邻域不再存在满足条件的像素为止。

一个区域生长的实例如图 6 - 2 所示。如果以图 6 - 2（a）中间像素值为 4 的像素作为初始种子点，在 8 邻域内，生长准则是待测点像素值与生长点像素值的差别小于 2，那么最终的区域生长结果为图 6 - 2（b）所示。

区域生长法的优点在于实现简单，运行速度快，但是在区域间灰度变化比较平缓时，有可能将两个不同的区域合并为一个，造成分割的错误。

2	4	0	1	1
2	2	9	5	2
7	6	(4)	5	9
3	7	5	5	6
3	8	6	7	6

2	4	0	1	1
2	2	9	(5)	2
7	6	(4)	(5)	9
3	7	(5)	(5)	(6)
3	8	(6)	(7)	(6)

图 6 – 2　一个区域生长的实例

(a) 原始图像；(b) 区域生长后的结果

6.2.2　区域分裂与合并法

区域的分裂与合并法的假设是一幅图像经过分割得到的各个子区域是由一些相互连通的像素组成的，因此，从整个图像出发，不断分裂得到各个子区域，再把部分区域按照某种性质进行合并，实现最终的图像分割。即先将图像分割成一系列任意不相交的区域，再对各个局域进行分裂或者合并。常用的图像的分裂和合并所使用的空间结构为四叉树。基于区域分裂的图像分割如图 6 – 3 所示。

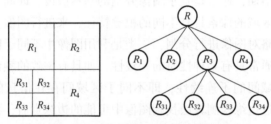

图 6 – 3　基于区域分裂的图像分割

定义一个一致性逻辑谓词 $P(R)$，从整幅图像开始进行分裂，在分裂的过程中，若 $P(R) =$ TRUE，则认为区域 R 不需要进一步分割，否则将区域 R 分裂为四个部分，对每一个部分继续进行判断是否需要进行进一步的分裂。图 6 – 3 中将整幅图像分裂为四个部分，其中，第三部分 R_3 又进一步分裂为 $R_{31} \sim R_{34}$。在合并过程中，若两个区域合并后 $P(R_i \cup R_j) =$ TRUE，则对这两个区域进行合并，否则不进行合并。

区域分裂与合并法的关键是分裂与合并准则的设计，即逻辑谓词 P 的设计。例如，可以定义当区域 R_i 内有超过 90% 的像素满足 $I_{ij} - m_i \leqslant \sigma_i$ 时，$P(R_i) =$ TRUE，其中 I_{ij} 为区域 R_i 中的第 j 个像素的像素值，m_i 为区域 R_i 中像素值的均值，σ_i 为区域 R_i 中像素值的标准差。

区域分裂与合并法对于复杂图像的分割效果较好，但算法比较复杂，计算量大，同时，分裂还可能破坏区域的边界。

6.2.3　分水岭算法

分水岭算法是 1991 年由 L. Vincent 提出的[73]，是一种基于拓扑理论的数学形态学的分割方法，其基本思想是把图像看作是测地学上的拓扑地貌。图像中的每个像素的灰度值表示该点的海拔高度，每个局部极小值及其影响区域称为积水盆地，积水盆地的边界形成分水岭，通过分水岭可以把图像分割为不同的区域。分水岭形成过程可以通过模拟浸入来说明。在每个局部极小值处，刺一个小孔，然后把整个模型慢慢浸入水中，水将会通过小孔渗入形成积水盆地。随着浸入的加深，每个局部极小值形成的积水盆地慢慢向外扩展，在两个积水盆地的汇合处构筑堤坝，防止两个积水盆地合并为一个大的盆地，所构建的堤坝就是分水岭，如图 6-4 所示。

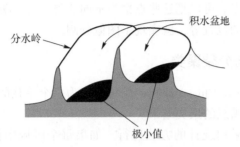

图 6-4 分水岭算法示意

[图片引自 Vincent 等（1991）]

设图像中的最小像素值为 v_{min}，最大像素值为 v_{max}，因此分水岭算法的具体过程为：从像素值 $k = v_{min}$ 开始，直到 $k = v_{max}$，对每一个具有像素值 k 的像素进行判断，若其只和一个区域相邻，则将这个像素加入该区域；若其与多于一个区域相邻，则标记该像素为边界（分水岭）；若该像素不与任何一个区域相邻，则创建一个新的区域。

分水岭分割算法如图 6-5 所示。图 6-5（a）为一幅 3×3 的图像。使用四邻域，从像素值为 0 的像素开始，由于其不与任何一个区域相邻，因此建立一个新的区域 R_1，像素值为 1 的像素由于只和 R_1 相邻，因此加入 R_1；像素值为 2 的像素不与任何一个区域相邻，因此建立第二个区域 R_2；像素值为 3 的像素也加入 R_2；像素值为 6 和 7 的像素就是分水岭。分割结果如图 6-5（b）所示。

分水岭算法对于变化平缓的图像会存在问题。例如，对于图 6-5（c）中的图像，采用分水岭算法将会只得到一个区域。此时可以先对图像求梯度，然后再在梯度图像上使用分水岭算法进行分割。

0	1	6
1	7	3
6	3	2

(a)

0	1	6
1	7	3
6	3	2

(b)

0	1	2
1	3	7
3	6	7

(c)

图 6-5 分水岭分割算法实例

分水岭算法在计算量上具有一定的优势，适合需要实时处理的场合，而且其可以获得一条闭合的分割曲线，便于进行后续的处理，但是这种算法对于噪声非常敏感，而且容易产生过分割，因此解决方法为在进行分水岭算法之前，对图像进行滤波，以尽量去除噪声。另外，也可以通过手工设定种子点，只在种子点上运行分水岭算法来解决过分割的问题。

6.3　基于聚类的图像分割方法

图像中的每个像素可以看作是高维特征空间中的一个点。如果使用颜色的三个通道的值来表示像素，那么每个像素就是三维空间中的一个点，使用颜色和坐标来表示像素，每个像素就是五维空间中的一个点。可以把这些点聚为不同的类，每一类具有某种相似的属性。例如相似的颜色，或者相似的位置等，就实现了图像分割。

6.3.1　层次聚类与分裂聚类

层次聚类（Agglomerative Clustering）初始每个点为一个单独的类别，合并具有最小类间距离的两个类，直到得到满意的聚类结果。

合并两个类时，可以采用统计的方法进行。如果每个区域中像素的灰度值服从正态分布，两个相邻的区域R_1和R_2分别包含m_1和m_2个像素，那么存在以下两个假设。

H_0：如果两个区域属于同一个物体，那么两个区域中的所有像素的灰度值都服从于同一个正态分布$N_0(0, \sigma_0^2)$。

H_1：如果两个区域属于不同的物体，两个区域中的像素的灰度值分布服从于不同的正态分布$N_1(0, \sigma_1^2)$和$N_2(0, \sigma_2^2)$。那么H_0的概率为

$$p(g_1, g_2, \cdots, g_{m_1+m_2} \mid H_0) = \prod_{i=1}^{m_1+m_2} p(g_i \mid H_0)$$
$$= \frac{1}{(\sqrt{2\pi}\sigma_0)^{m_1+m_2}} e^{-\frac{m_1+m_2}{2}} \qquad (6-1)$$

其中g_i为第i个像素的灰度值。

若H_1的概率为

$$p(g_1, g_2, \cdots, g_{m_1}, g_{m_1+1}, \cdots, g_{m_1+m_2} | H_1) = \frac{1}{(\sqrt{2\pi}\sigma_1)^{m_1}} e^{-\frac{m_1}{2}} \frac{1}{(\sqrt{2\pi}\sigma_2)^{m_2}} e^{-\frac{m_2}{2}} \quad (6-2)$$

则

$$L = \frac{p(g_1, g_2, \cdots, g_{m_1+m_2} | H_1)}{p(g_1, g_2, \cdots, g_{m_1+m_2} | H_0)} = \frac{\sigma_0^{m_1+m_2}}{\sigma_1^{m_1} \cdot \sigma_2^{m_2}} \qquad (6-3)$$

若L大于1，则表明两个区域不应合并，否则应该进行合并。

分裂聚类（Divisive Clustering）初始所有点为一个类，将该类分裂为两个具有最大类间距离的两个类，并对所得到的两个类继续进行分裂，直到得到满意的聚类结果。例如，可以首先将整幅图像视为一个类别，计算图像的直方图，然后找到一个阈值将直方图的波峰分开，并不断重复此操作，直到每个区域的直方图比较平缓或者区域的面积小于一定的阈值[66]。

6.3.2　基于 K – means 的图像分割

基于 K – means 的图像分割方法与 K – means 聚类算法类似。首先，对图像中的每个像素建立特征表示（如使用颜色表示像素或者使用颜色加位置来表示像素）；其次，通过将图像中的所有像素通过 K – means 聚类算法聚为 K 类，从而实现将图像分割为 K 个区域。

像素的特征表示对基于 K – means 的图像分割方法的影响很大，特别是当不同维度上的

特征的取值范围差别很大时，取值范围大的特征将在聚类中起决定性作用，而取值范围小的特征将基本不起作用，如图 6-6 所示。使用二维特征（平面坐标）表示的 4 个像素，当两个维度的取值范围相当时（如都使用 cm），聚类结果是分为左右两类；而当改变其第二维度的范围后（cm 变为 mm，相当于取值范围大了 10 倍），聚类结果分为上下两类，因此在使用基于 $K-means$ 的图像分割方法时，需要对像素各个维度上的特征进行规范化处理，使各个维度上的特征具有相似的取值范围。

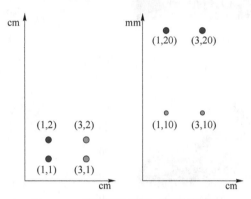

图 6-6　特征取值范围对聚类的影响

6.3.3　基于均值迁移的图像分割

均值漂移（Mean Shift）方法是 1975 年由 Fukunaga 和 Hostetler 提出的[67]。基于均值漂移的图像分割方法的基本思想是将图像中的每个像素使用某种特征进行表示，然后每个像素就被映射到一个特征空间。在特征空间中进行聚类时，通常要使用一些假设。例如，基于 $K-means$ 的方法需要假设聚类的个数已知，基于多高斯模型的方法需要假设类别的形状已知等，但是实际的数据可能并不满足这些假设。基于均值漂移的图像分割如图 6-7 所示。其中，图 6-7（a）中的图像的像素映射到图 6-7（b）所示的 luv 特征空间后，无法使用 $K-means$ 方法或者多高斯模型来聚类。对于这种情况下的聚类，需要使用无参数的方法，这是由于无参数的方法对特征空间没有进行假设。无参数方法分为两种，一种方法是前面提到的层次聚类和分裂聚类，而另一类方法则是密度估计。密度估计方法将特征空间看作是特征参数（如 luv）的概率密度函数，特征空间中的密集区域对应于概率密度函数的局部极值。

可以使用下面的函数作为概率密度函数。

$$f(x) = \frac{1}{n}\sum_{i=1}^{n} K(x_i - x;h) \tag{6-4}$$

式中，h 为参数；n 为样本的个数；K 为式（6-5）所示的函数。

$$K(x;h) = \frac{(2\pi)^{(-d/2)}}{h^d}\exp\left(-\frac{1}{2}\frac{\|x\|^2}{h}\right) \tag{6-5}$$

其中 d 为像素特征向量的维数。K 的性质是将 K 放置在任何一点上，当该点周围的点很多时，K 值较大，否则较小。这个函数是一个密度函数，即该函数是非负数的，而且积分为 1。

引入 $k(u) = \exp\left(-\frac{1}{2}u\right)$ 以及 $C = \frac{(2\pi)^{-d/2}}{nh^d}$，式（6-4）可以写为

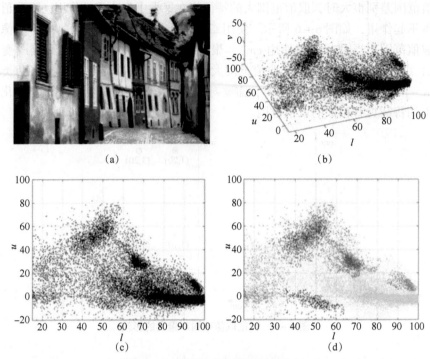

图6-7 基于均值漂移的图像分割

[图片引自 Comaniciu 等（2002）]

（a）输入的彩色图像；（b）luv 空间中的像素分布；

（c）luv 空间中的像素分布；（d）luv 空间中通过均值漂移得到的聚类结果

$$f(\boldsymbol{x}) = C \sum_{i=1}^{n} k\left(\left\|\frac{\boldsymbol{x} - \boldsymbol{x}_i}{h}\right\|^2\right) \tag{6-6}$$

任意给定一个点x_0，可以通过对密度函数求导，来找到其附近的极值点，即通过计算

$$\boldsymbol{y}^{(j+1)} = \frac{\sum_i \boldsymbol{x}_i g\left(\left\|\frac{\boldsymbol{x}_i - \boldsymbol{y}^{(j)}}{h}\right\|^2\right)}{\sum_i g\left(\left\|\frac{\boldsymbol{x}_i - \boldsymbol{y}^{(j)}}{h}\right\|^2\right)} \tag{6-7}$$

来不断更新$\boldsymbol{y}$值，其中$g = \dfrac{\mathrm{d}}{\mathrm{d}u}k(u)$，此处具体推导过程略。当前后两次的$\boldsymbol{y}$值变化小于给定阈值时，就找到了$\boldsymbol{x}_0$附近的极值点。此处$\boldsymbol{y}^{(0)} = \boldsymbol{x}_0$。

基于均值漂移的图像分割方法具体过程为：首先，对于图像中的每一个像素，计算其某种特征表示；其次，通过式（6-7）得到其对应的极值点，对所有得到的极值点进行聚类；然后每一个像素划归其对应的聚类中心所属的区域即可。

6.4 基于图的图像分割

基于图（Graph）的图像分割是根据图像建立一个图模型，每个像素作为图的一个顶点，像素之间以边进行连接。边的权重表示相连的两个像素的相似程度，两个像素越相似，

对应的边的权重越大。边的连接方式包括以下三种：

（1）全连接：任意两个像素之间都有边相连。全连接的复杂度过高，在实际使用时一般无法使用。

（2）相邻像素连接：只有相邻（8 近邻或 4 近邻）的像素之间才有边相连。相邻像素连接方式的计算速度快，但是只能表示非常局部的关系。

（3）局部连接：在一定邻域内的像素之间都有边相连。是上述两种方法的折中。兼顾了计算速度和像素之间的关系。

边的权重可以通过式（6-8）计算

$$\mathrm{aff}(\boldsymbol{x},\boldsymbol{y}) = \exp\left(-\frac{1}{2\sigma_d^2} \| f(\boldsymbol{x}) - f(\boldsymbol{y}) \|^2\right) \tag{6-8}$$

其中 $f(\boldsymbol{x})$ 可以是像素 $\boldsymbol{x}$ 的位置特征、灰度特征、颜色特征以及纹理特征等。

给定一幅图像，可以建立一个图 $G = \{V, E, W\}$，其中 V 为顶点集合，表示图像中的所有像素；E 为边的集合；W 为顶点之间的相似矩阵，表示的是边的权重。建立图后，可以通过把图中的顶点分为不同的部分，相当于将顶点对应的像素分为不同的部分来实现图像的分割。划分时尽量使得同一部分中的顶点（像素）之间彼此相似，而不同部分的顶点之间差异较大。下面以把图中的顶点分为两部分为例进行说明。通过移除图中的一些边，可以把图分为 A 和 B 两部分，并且 A 和 B 的并集是整个图，A 和 B 的交集是空集。这两部分之间的不相似性可以通过所移除边的权重之和来表示，在图论中称为割（cut）

$$\mathrm{cut}(A,B) = \sum_{u \in A, v \in B} w(u,v) \tag{6-9}$$

即将图分为 A 和 B 两部分，所有连接 A 和 B 的边的权重之和为割的值，因此最优的分割是最小割对应的划分。这是由于两个像素越相似，其对应的边的权重越大，因此要使连接不同部分之间的边的权重之和最小，就是要求处于不同部分中的顶点之间的差别最大，但是最小割会倾向于将图分为包含很少的顶点的部分，如图 6-8 所示。由割的定义可以看出，当某个部分包含较少的顶点时，该部分与其他部分连接的边也会相应较少，从而使最小割对应的划分倾向于划分出包含很少顶点的部分。

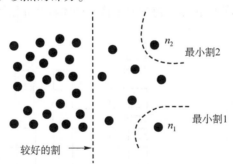

图 6-8　最小割导致将图像分割为很小的部分

［图片引自 Vincent 等（1991）］

（将顶点 n_1（n_2）单独划分为一个部分，得到的割的值要小于所期望的将顶点分为左右两部分的割）[23]

因此可以使用 Normalized Cut 进行图像分割，将其定义为

$$\mathrm{Ncut}(A,B) = \frac{\mathrm{cut}(A,B)}{\mathrm{assoc}(A,V)} + \frac{\mathrm{cut}(A,B)}{\mathrm{assoc}(B,V)} \tag{6-10}$$

其中 $\mathrm{assoc}(A,V)$ 为

$$\mathrm{assoc}(A,V) = \sum_{u \in A, t \in V} w(u,t) \qquad (6-11)$$

$\mathrm{assoc}(A,V)$ 表示了有一个端点在 A 中的所有的边的权值之和。当某个割将图分为两部分，两部分之间的边较少且具有较低的权重，且每部分内部的边具有较高权重时，其对应的 Ncut 的值较小，通过寻找具有最小值的 Ncut，可以实现有效的图像分割。

6.5 基于马尔科夫随机场的图像分割

图像分割的过程就是对图像中每一个像素赋予一个标签的过程。给定一幅 $n \times n$ 的图像，图像中的每个像素 s 的特征为 f_s。f_s 可以是灰度值、颜色值或者更高维度的特征。定义一个标签的集合 A，每个像素被分配一个标签 $\omega_s \in A$，则所有可能的分割情况有 $|A|^{n \times n}$ 种。

可以定义一个概率度量 $P(\omega|f)$ 来表示对于在 f 下得到分割结果 ω 的概率，因此分割问题就转化为最大后验（Maximum a Posteriori，MAP）估计问题。可以使用马尔科夫随机场来进行计算[72]。

当以下条件成立时，标记场 X 可以视为马尔科夫随机场：

（1）对于所有的 $\omega \in A : P(X = \omega) > 0$。

（2）对于每一个 $s \in S$ 和 $\omega \in A, P(\omega_s | \omega_r, r \neq s) = P(\omega_s | \omega_r, r \in N_s)$

其中 N_s 表示像素 s 的邻域。

根据 Hammersley – Clifford 定理，一个随机场是马尔科夫随机场当且仅当

$$P(\omega) = \frac{1}{Z} \exp(-U(\omega)) = \frac{1}{Z} \exp\left(-\sum_{c \in C} V_c(\omega)\right) \qquad (6-12)$$

其中 Z 为归一化常量

$$Z = \sum_{\omega \in \Omega} \exp(-U(\omega)) \qquad (6-13)$$

从而可以通过团势能来定义马尔科夫随机场模型。

给定一个邻域的定义，如 4 邻域或者 8 邻域。团（clique）定义为 S 的一个子集，使在这个子集中的每对像素之间都彼此相邻。包含 n 个像素的团称为 n 阶团。8 邻域下的 1～4 阶团及非团像素集合如图 6 – 9 所示。

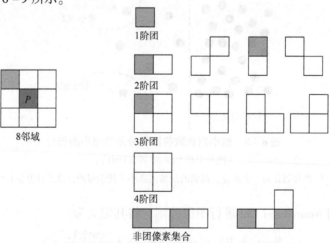

图 6 – 9 8 邻域下的 1～4 阶团及非团像素集合

对于图像中的每一个团 c，其团势函数（Clique Potentials）为 $V_c(\omega)$，其中 ω 为团 c 中各像素的标签分配。图像中所有团的势之和，表示了所对应的标签分配的能量，即

$$U(\omega) = \sum_{c \in C} V_c(\omega) = \sum_{i \in C_1} V_{C_1}(\omega_i) + \sum_{(i,j) \in C_2} V_{C_2}(\omega_i, \omega_j) + \cdots \quad (6-14)$$

因此，只要定义了各阶团的势能，就可以使用马尔科夫随机场来进行图像分割了。此处以灰度图像分割为例进行具体说明，只使用 1 阶团和 2 阶团。每个像素使用其灰度值作为特征。若使用高斯分布来建模像素的灰度，则当 1 阶团势能正比于给定标签 ω 的情况下，像素取值概率 $\lg(P(f|\omega))$。2 阶团的势能可以视为平滑性约束，即相邻的像素其标签应该相同。2 阶团的势能可以定义为

$$V_{C_2}(i,j) = \beta\delta(\omega_i, \omega_j) = \begin{cases} -\beta & \text{当}\omega_i = \omega_j \\ +\beta & \text{当}\omega_i \neq \omega_j \end{cases} \quad (6-15)$$

β 值越大，则分割出的区域越平滑。

像素灰度的高斯分布的参数，如果有训练数据，那么可以从训练数据中获得；如果没有训练数据，那么可以采用最大期望算法来获得。建立团的势能函数后，可以通过梯度下降法来进行优化，在有好的初值的情况下可以得到较好的结果，或者可以通过模拟退火方法进行优化。

6.6　基于运动的图像分割

上述图像分割方法都是基于区域内的像素的外观彼此相似，不同区域中像素的外观彼此不同的假设进行的。此外，也可以通过像素的运动来进行图像分割，即将图像分割为不同的区域，每个区域内的像素具有相似的运动。

像素的运动称为光流，通过光流进行图像分割，如图 6-10 所示。设想使用成像平面平行于图中白色平面的相机拍摄该场景，并且向左移动相机，可以获得如右图所示的光流场。图 6-10 中箭头表示像素的运动方向，箭头的长度表示运动速度的大小。可以看出，场景中白色的平面由于距离相机较远，其运动幅度较小，灰色平面距离相机较近，其上的点运动幅度较大，同时，由于这两个平面与成像平面平行，因此其上的点的运动幅度相同，而深色平面上的点由于距离相机的距离不同，其对应的运动幅度也不同。此时可以根据每个像素的运动信息将图像分割为不同的区域。

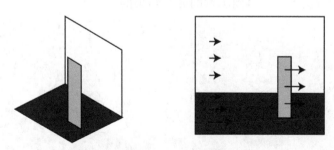

图 6-10　通过光流进行图像分割

计算光流需要两帧连续的图像，即给定两幅图像 $I(x,y,t-1)$ 和 $I(x,y,t)$，求解每个像

素的运动 $u(x,y)$ 和 $v(x,y)$。Lucas – Kanade 光流算法[71]是最常用的光流算法。其是在以下三个假设的前提下来计算每个像素的运动的：

（1）亮度恒定：也就是说对于场景中一点，随着时间的变化，其所成的像的亮度不变。这也是光流法的基本假定，用于得到光流法的基本方程。

（2）运动较小：像素的运动幅度较小，也就是随着时间的变化，场景中一点所成的像的位置变化不大。

（3）空间一致：在场景中邻近的点投影到图像上也是邻近点，且邻近点的运动一致。

通过亮度恒定假设，可得

$$I(x,y,t-1) = I(x+u(x,y),y+v(x,y),t) \tag{6-16}$$

根据运动较小的假设，可以对上式右边进行泰勒展开

$$I(x+u,y+v,t) \approx I(x,y,t-1) + I_x \cdot u(x,y) + I_y \cdot v(x,y) + I_t \tag{6-17}$$

从而可得

$$I(x+u,y+v,t) - I(x,y,t-1) = I_x \cdot u(x,y) + I_y \cdot v(x,y) + I_t \tag{6-18}$$

可以写为

$$I_x \cdot u + I_y \cdot v + I_t \approx 0 \quad \rightarrow \nabla I \cdot \begin{bmatrix} u & v \end{bmatrix}^T + I_t = 0 \tag{6-19}$$

可以看出，对于一个像素，可以得到一个方程，其中 I_x、I_y 和 I_t 可以通过求解水平方向、垂直方向以及时间方向上的梯度得到，而待求解的是 x 和 y 方向的运动 u 和 v。一个方程包含两个未知变量，无法进行求解。此时，可以根据空间一致假设，即一个像素与其邻域内的像素具有相同的运动，可以使用多个像素联立多个方程来求取 x 和 y 方向的运动。例如，对每一个像素采用其 5×5 的邻域进行计算，可以得到 25 个方程，从而可以解出像素的运动信息。得到像素的运动信息后，可以将运动信息作为像素的特征，再采用前面章节中的图像分割方法进行图像分割。

6.7 交互式的图像分割

之前介绍的图像分割方法都是基于属于同一物体或同一区域的像素具有相似的视觉特征的假设的，但是对于复杂的物体或区域，这一假设有时是不成立的。交互式图像分割如图 6 – 11 所示，其中人的脸部和上身衣服与下身衣服的视觉外观并不相似，因此采用之前介绍的图像分割方法是无法得到满意的分割结果的。

图 6 – 11 交互式图像分割

[图片引自 Boykov 等（2006）]

这时，可以通过交互式图像分割得到较好的分割结果。交互的方式有很多种，如图 6 – 12 所示。可以在图像上的前景和背景上分别使用不同颜色进行标记。标记可以用来建立前景和背景模型，用于对图像进行分割。另外，也可以使用边界框框出前景区域。标记的边界框大致给出了属于前景区域的像素和属于背景区域的像素，这些信息可以用来初步建立前景模型和背景模型，并基于模型对分割结果进行优化，得到最终的分割结果。

图 6 – 12　交互式图像分割

[图片引自 Rother 等（2004）]

交互式图像分割与普通的图像分割相比，获得了用户输入的交互信息，从而可以知道哪些具有不同视觉特征的区域属于同一个物体或者区域。一般来说，交互式图像分割可以得到更好的分割结果。

6.8　图像分割的评价

图像分割需要一定的标准和度量来衡量分割算法的精度，对分割结果进行评价，从而可以对不同的方法进行比较。对于图像分割结果的评价，需要建立图像分割数据集，由人工标注出"正确"的分割结果，其实人工标注的结果也可能包含错误，但是这已经是能得到的最好的结果了，然后再使用各种图像分割算法进行图像分割，计算图像分割算法分割出的结果与人工标注结果的差异来对分割结果进行评价。

对于分割结果的评价可以分为两种：对分割出的边界进行评价，即对边界上的像素点进行评价；对分割出的区域进行评价，即对区域中的像素进行评价。

（1）对分割出的边界进行评价。

对分割出的边界进行评价可以计算分割边界的准确率和召回率。准确率 P 为分割算法标出的在正确（与人工标记相同）边界上的像素数目与分割算法标记出的边界像素数目总和之比。召回率 R 为分割算法标出的在正确边界上的像素数目与图像中实际的边界像素数目总和之比。一个好的图像分割算法要同时具有较好的召回率和准确率。此外，还可以通过准确率与召回率来计算 F 度量来对分割算法进行评价：

$$F = 2PR/(P + R) \tag{6-20}$$

（2）对分割出的区域进行评价。

若图像中包含 n 个区域，则对每一个分隔出的区域可以使用以下的指标进行评价。

①交并比（Intersection over Union，IoU）：是广泛使用的度量标准之一，在目标检测等任务中也经常被用到。交并比是计算两个集合的交集和并集之比。在分割问题中，这两个集合分别为真实区域（target）和分隔出的区域（prediction）。交并比的定义为

$$IoU = \frac{target \cap prediction}{target \cup prediction} \tag{6-21}$$

由定义可以看出，当分割结果与真实值完全一致时，交并比为1。交并比越大，则表示分割结果越好。

②像素精度（Pixel Accuracy，PA）：像素精度为某个区域中分割正确的像素占该区域总像素的比例。

对于整个图像的分割结果的评价，可以通过将每个区域的评价求平均获得，即采用以下的评价指标：

①平均交并比（Mean Intersection over Union，MIoU）：在每个区域上计算交并比之后，在所有区域上进行平均。

②平均像素精度（Mean Pixel Accuracy，MPA）：计算每个区域内被正确分割的像素数的比例，然后求出所有区域的平均值。

在以上所有的度量标准中，MIoU 由于简洁、代表性强而成为最常用的度量标准，大多数研究人员使用该标准来评价图像分割的质量。

思考题

1. 图像分割的基本假设是属于同一物体或同一区域的像素具有相似的视觉特征，例如，具有相似的颜色或者灰度。请分析，这个假设何时成立，何时不成立。

2. 实现基于均值迁移的图像分割算法，并在伯克利图像分割数据集上评价所实现的图像分割算法。伯克利图像分割数据集见网址 http：//www. eecs. berkeley. edu/Research/Projects/CS/vision/bsds/。

3. 除表观和运动外，还有没有其他的线索可以用于图像分割？

4. 请思考视频中的图像分割与单独的图像分割有何不同。

5. 进行分割评价时可以使用区域的像素精度，像素精度为某个区域中分割正确的像素占该区域总像素的比例。请思考这种评价方式有何不妥。

第 7 章
模 型 拟 合

模型拟合是指根据获得的符合某种模型的数据，来拟合出该模型。这里的模型既可以是直线、圆、椭圆等几何形状，也可以是基本矩阵、本质矩阵等待求解的参数。如图 7 − 1 所示，用一些边缘点来拟合这些边缘点所在的直线；或者给定两幅图像中的匹配点来估计基本矩阵。这些都属于模型拟合的问题。

模型拟合需要同时考虑局部约束和全局约束。如使用图 7 − 1 中给定一些边缘点来拟合一条直线时，就不能只考虑某个点是否在其前面两个点所形成的直线上，否则会得到一个由线段组成的折线，因此还要考虑更全局的约束，考虑这些点整体上是否符合一条直线。本章将以直线拟合为例，介绍几种常用的模型拟合方法，包括最小二乘法、鲁棒估计方法、霍夫变换和 RANSAC 方法等。

图 7 − 1 直线拟合示例

7.1 最小二乘法估计直线

使用 $y = ax + b$ 来表示一条直线，给定 n 个属于该直线的点的二维坐标 (x_i, y_i)。给出 x 坐标 x_i，可以根据直线的方程得到 $y_i = ax_i + b$，通过最小化 n 个点的 y 坐标与根据直线方程估计得到的 y 坐标的差的平方和来估计直线的参数。通过最小二乘法拟合直线，如图 7 − 2 所示，即最小化下式：

$$\sum_i (y_i - ax_i - b)^2 \tag{7-1}$$

这样做存在两个问题,首先,这种直线表示方法无法表示垂直的直线;其次,由于是使用点到直线的垂直距离,对于近似水平的直线具有较好的效果,而对于接近垂直的直线效果将会很差,因此可以使用另一种直线的表示方式 $ax + by + c = 0$。点 (u, v) 到直线的距离为:当 $a^2 + b^2 = 1$ 时为 $\mathrm{abs}(au + bv + c)$,因此可以通过最小化下面的式子来估计直线的参数,即

$$\sum_i (ax_i + by_i + c)^2 \tag{7-2}$$

其中 $a^2 + b^2 = 1$。

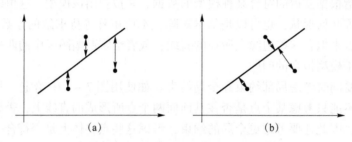

图 7 - 2 通过最小二乘法拟合直线

(a) 通过最小化点的 y 坐标与根据直线方程预测的点的 y 坐标之间距离的平方和来拟合直线;
(b) 通过最小化点到直线的距离来拟合直线

直线估计方法受噪声的影响很大。由于噪声及外点基本上是不可避免的,因此上述直线估计方法通常效果会比较差。外点对最小二乘法的影响如图 7 - 3 所示,由于最小化的是所有点到直线的距离之和,因此当存在一个外点,并且当该外点到直线的距离非常大时,这个外点对于结果的影响就会非常大,所以需要考虑如何减少外点和噪声对结果的影响。

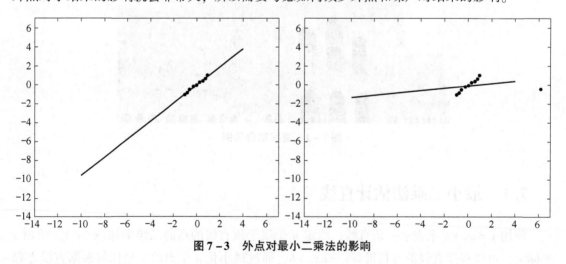

图 7 - 3 外点对最小二乘法的影响

7.2 鲁棒估计方法

M 估计法（M – estimators）通过将平方误差项替换为更鲁棒的误差项来解决上述外点问题。对于直线拟合来说，不是通过最小化点到直线距离的平方和来进行直线拟合，而是通过最小化这样一个指标来进行的，当点到直线的距离较小时，这个指标就是距离的平方；当点到直线的距离超出一定的阈值后，这个指标就接近一个常数。

使用 ρ 表示函数，若 r_i 为第 i 个点的残差，σ 为 M 估计法的阈值，θ 为待拟合的直线的参数，则 M 估计法就是通过最小化式（7 – 3）来进行直线拟合的。

$$\sum_i \rho(r_i(x_i, \theta); \sigma) \tag{7 – 3}$$

对于最小二乘法来说，$\rho(r_i(x_i, \theta); \sigma) = (ax_i + by_i + c)^2$，其中 $a^2 + b^2 = 1$，即对于最小二乘法来说，不管点到直线的距离是大还是小，r_i 都是点到直线距离的平方。这时，可以把阈值 σ 设为无穷大。

使用 u 来表示残差，鲁棒估计方法的关键就在于如何设计函数 ρ，使 ρ 是随着残差 u 的增大而单调递增，并且在残差较小时 $\rho(u)$ 就是残差本身，而在残差较大时接近一个常数。一种常用的选择为

$$\rho(u; \sigma) = \frac{u^2}{\sigma^2 + u^2} \tag{7 – 4}$$

其对应的曲线如图 7 – 4 所示。可以看出，当残差较大时，$\rho(u)$ 的值就接近为一个常量，从而可以将外点的影响控制在一定的范围之内，减少外点对于最终拟合结果的影响。M 估计法的缺点是通常存在多个极值点，优化起来比较困难。而且参数的选择对于结果的影响也很大。当 σ 过小时，函数的值接近 1，所有的数据点对于最终的结果其实基本都没有起作用；当 σ 过大时，外点或噪声点的影响将会接近于其在最小二乘法中的影响。参数对于 M 估计法的影响如图 7 – 5 所示。其中，若图 7 – 5（a）中的 σ 取值比较合适，则较好地抑制了外点的影响，拟合的直线效果较好；若图 7 – 5（b）中的 σ 取值过小，则导致拟合的直线跟所有数据点都不能符合；若图 7 – 5（c）中的 σ 取值过大，则不能有效地抑制外点的影响，导致拟合的直线与采用最小二乘法拟合的直线类似。

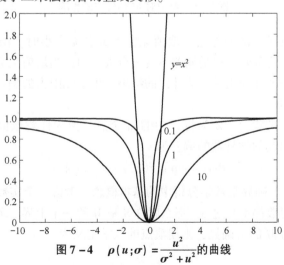

图 7 – 4 $\rho(u; \sigma) = \dfrac{u^2}{\sigma^2 + u^2}$ 的曲线

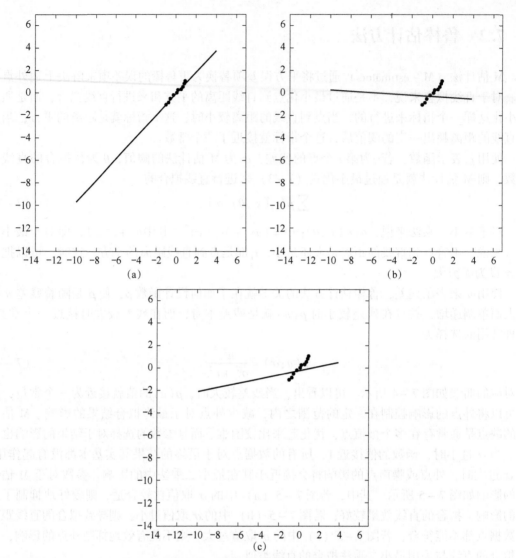

图 7 – 5　参数对 M 估计法的影响

　　当数据中有部分数据（例如外点）取值无穷大或者无穷小时，由鲁棒的估计方法所估计的结果可能会有一定的偏差，但是偏差不会无穷大，因此当取值无穷大或者无穷小的数据所占的比例增加到某一个百分比后，估计出的结果产生了无限大的偏差，这个百分比就称为崩溃点（Breakdown Point）。

　　设 Z 为 n 个数据点的集合，Z' 为将 Z 中的 m 个点替换为任意取值的点的集合，估计器为 $\theta = T(Z)$，则外点引起的估计器的偏差为

$$\text{Bias} = \sup_{Z'} \| T(Z') - T(Z) \| \tag{7-5}$$

其中 sup 表示上确界，上确界是数学分析中的基本概念。考虑一个实数集合 M，如果有一个实数 S，使得 M 中任何数都不超过 S，那么就称 S 是 M 的一个上界。若在所有上界中有一个最小的上界，就称其为 M 的上确界，则崩溃点的数学定义为

$$\varepsilon_n^* = \min\left\{\frac{m}{n} : \mathrm{Bias}(m;T,Z) \quad is \quad \mathrm{infinite}\right\} \tag{7-6}$$

对于最小二乘法，若其崩溃点就是 $1/n$，即只要有一个点的偏差过大，则最小二乘法所估计的结果就会产生很大的偏差，这也说明了最小二乘法不是一种鲁棒性估计方法。

7.3　霍夫变换

霍夫变换[76]是一种基于投票机制的参数估计方法。基于投票机制的参数估计是指每一个数据点都会对一些参数投票，获得较多投票的参数就是最终的参数。基于投票机制的参数估计方法对外点具有较好的鲁棒性，这是由于一般来说，外点在整个数据集中只占较小的一个比例，基于投票的方法可以很好地抑制外点的影响。

直线有两个参数需要估计，即斜率和截距。直线可以用方程 $y = ax + b$ 来表示。以斜率为自变量，截距为因变量，可以写为 $b = y - ax$，则 xy 空间上的任意一点将对应斜率和截距空间中的一条直线。xy 空间中直线上的 n 个点就对应斜率截距空间中的 n 条直线。这 n 条直线相交于一点，该点对应的斜率和截距就是待拟合直线的斜率和截距，而 xy 空间上不在该直线上的点对应的斜率截距空间中的直线将不会经过所求的点。

在实际使用时，一般使用直线的极坐标表示形式 $x\cos(\theta) + y\sin(\theta) + \rho = 0$。这种表示形式可以有效处理垂直直线的问题。类似地，若将该方程视为以 x 和 y 作为参数的方程，则 xy 空间上的任意一点将对应于 (θ, ρ) 空间中的一条曲线，在一条直线上的 n 个点对应的 (θ, ρ) 空间中的 n 条曲线将会相交于一点，交点处的 θ, ρ 值就是所要拟合的直线的参数，如图 7-6 所示。

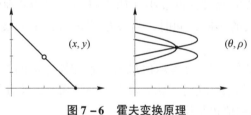

图 7-6　霍夫变换原理

使用霍夫变换拟合直线的基本过程如下：

（1）将参数空间离散化，即将直线的两个参数 θ, ρ 离散化。例如，若将 θ 离散为 1, $2,\cdots,n$，将 ρ 离散化为 $1, 2,\cdots,m$，则 (i,j) 对应于参数空间中的一个单元。其对应的直线参数为 $\theta = i, \rho = j$，(i,j) 可以视为一个累加器，且初始值为 0。

（2）对于图像空间中的每一点，将其转化为参数空间中的一条曲线，将在参数空间中落在该曲线上的累加器加一，对所有图像点做相同的操作。最后，取值最大的累加器对应的参数就是所求的直线的参数。

霍夫变换示例如图 7-7 所示，其中左上图为理想情况，图中的 20 个点都来自同一条直线并且没有噪声，右上图为累加器累加后的结果，横轴为 θ，纵轴为 ρ。可以看到，在理想情况下，累加器累加后只有一个明显的最大值，对应待拟合直线的参数。左下图为对这 20 个点加上随机噪声后的结果，此时累加器累加后出现了多个极值点。

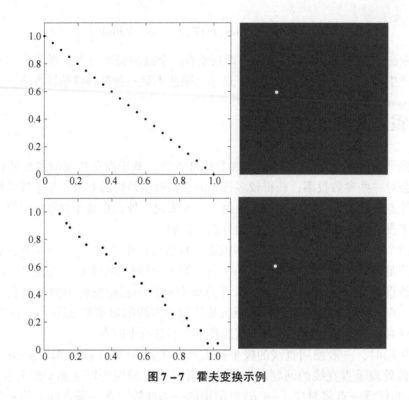

图 7 – 7　霍夫变换示例

霍夫变换的一个难点在于参数空间离散化时，每一个单元的大小很难确定。若单元设置过大（例如，将 θ 离散为 1，10，20，…），则斜率差别很大的直线（如斜率分别为 1 和 5 的直线）将无法区分；若单元设置得过小（如将斜率离散为 0.001，0.002，0.003，…），则噪声将会对结果有很大的影响，同时，当参数较多时，单元设置得过小将导致计算量过大。

当需要拟合一条直线时，只需选择取值最大的累加器对应的参数即可，无需设置阈值，但是当无法确定需要拟合几条直线时，就需要设定一个阈值，超过阈值的累加器就对应一条直线。另外，设定合适的阈值也是比较困难的。

由于参数离散化的问题以及噪声的影响，霍夫变换的实际应用效果受到很大限制。

7.4　RANSAC 方法

上述提到的鲁棒估计方法（如 M 估计法）是先从统计学中发展起来，后来被应用于计算机视觉领域的，而随机抽样一致算法[77]（RANdom SAmple Consensus，RANSAC）本身就是在计算机视觉领域中发展起来的。RANSAC 方法的基本思想是随机从样本中选取一个小的子集，使用这个小的子集来拟合模型，然后判定所选取子集之外的样本与所拟合模型的匹配程度，重复这个过程多次，再选取使得最多的样本都符合的模型作为最终拟合的模型。

使用 RANSAC 方法拟合直线的流程如下：

（1）从 n 个数据点中随机选择两个点，并确定一条直线。

（2）对所选择的两个点以外的其他数据点，判断其是否位于所确定的直线上。判断时可以通过计算点到直线的距离计算位于所确定的直线上的数据点的数目，如果点到直线的距离小于给定阈值，则认为该点位于所确定的直线上。

（3）重复步骤（1）k 次，选择所确定的 k 条直线中最好的一条，即位于该直线上的数据点最多的一条直线作为拟合结果。

使用 RANSAC 方法需要确定以下问题：

（1）选取多大的子集？对于直线拟合，由于两点就可以确定一条直线，因此选取两个点就可以了；对于圆的拟合需要选取 3 个点；而如果用 RANSAC 来计算基本矩阵，则选取的子集至少要包含 8 个点。

（2）如何判断数据是否符合模型？这个问题与具体要拟合的模型有关，例如拟合直线时可以使用点到直线的距离来判断；拟合基本矩阵时，可以用点到外极线的距离来判断。

（3）这个过程需要重复多少次？一般来说需要重复足够多的次数来使有很大的概率能够得到一个好的模型。具体的重复次数可以通过下面的方式来计算。

设 p 为 RANSAC 算法在 k 次迭代过程中的某次所取到的 n 个点都是内点的概率。当取到的 n 个点都是内点时，所得到的模型就应该是好的模型，因此 p 就给出了得到好模型的概率。设 w 为每次取点时取到内点的概率，即 w 为数据中内点与总的数据点数的比值，则 $1-w$ 为取到外点的概率。通常来说，w 的值是未知的，但是一般可以有一个大致的估计。若估计模型所需的 n 个点的抽取是彼此独立的，则 w^n 为 n 个点都是内点的概率，$1-w^n$ 是 n 个点中至少有一个外点的概率，则

$$1 - p = (1 - w^n)^k \tag{7-7}$$

则

$$k = \frac{\lg(1-p)}{\lg(1-w^n)} \tag{7-8}$$

即给定一个想要得到好的模型的概率 p、内点与总的数据点数的比值 w 以及每次迭代需要的数据点数目 n，就可以通过公式（7-8）计算出需要重复的次数 k。

RANSAC 是一个通用的方法，可以用来估计直线、圆、各种几何模型以及其他类型的模型。其基本思想就是假设和验证，如果数据中的一个子集可以产生一个假设（估计），而且比较容易验证这个假设（估计）的优劣，那么 RANSAC 方法就会非常适用。

7.5　基于概率的拟合方法

给定 n 个数据点来拟合直线，可以将数据点看作是从某个概率模型中产生的。对于数据点 (x_i, y_i)，可以将其看作是从直线上随机选取一个点 (u_i, v_i)，并采样一个距离 ξ_i（ξ_i 属于正态分布，即 $\xi_i \sim N(0, \sigma^2)$），然后沿着与直线垂直的方向将点 (u_i, v_i) 移动 ξ_i 得到的。设直线的方程为 $ax + by + c = 0$，并且 $a^2 + b^2 = 1$，则

$$(x_i, y_i) = (u_i, v_i) + \xi_i(a, b). \tag{7-9}$$

可以写出这些数据的对数似然函数为

$$\mathcal{L}(a, b, c, \sigma) = \sum_{i \in \text{data}} \lg P(x_i, y_i \mid a, b, c, \sigma) \tag{7-10}$$

$$= \sum_{i \in \text{data}} \lg P(\xi_i \mid \sigma) + \lg P(u_i, v_i \mid a, b, c)$$

由于是从直线上随机选点，而且 $P(u_i, v_i | a, b, c)$ 为常量，并且 $\xi_i \sim N(0, \sigma^2)$，因此在 $a^2 + b^2 = 1$ 的前提下通过最大化可以得到直线的参数。

$$\sum_{i \in \text{data}} \lg P(\xi_i \mid \sigma) = \sum_{i \in \text{data}} - \frac{\xi_i^2}{2\sigma^2} - \frac{1}{2} \lg 2\pi\sigma^2$$

$$= \sum_{i \in \text{data}} - \frac{(ax_i + by_i + c)^2}{2\sigma^2} - \frac{1}{2} \lg 2\pi\sigma^2$$

(7 - 11)

可以看出，其优化的目标与通过最小二乘法来拟合直线时优化的目标是相同的。

7.6　最大期望算法

最大期望算法（Expectation – Maximization algorithm，EM）[78] 涉及混合模型。混合模型是指数据来自不同模型的组合。例如，通过抛硬币来产生一些点的数据，当硬币是正面时，从一条直线上随机选取一点；当硬币是反面时，从另一条直线上随机选取一点，则产生出的数据就来自一个混合模型。对混合模型进行最大似然估计是非常困难的。

此时，可以使用隐变量来表示某个数据来自哪个模型，这些隐变量通常是未知的。如果这些隐变量已知，则对混合模型的最大似然估计就比较容易求解了。例如，在模型拟合时，给出很多点来拟合多条直线时，如果知道哪些点是属于哪些直线的，那么就很容易来拟合直线的参数；在图像分割中，如果知道哪些像素属于哪一个区域，那么就能很容易地估计出各个区域的参数。

虽然这些隐变量的值未知，但是可以给出一个对隐变量的初始估计值，根据这些估计值进行最大似然估计来求解模型的参数，然后根据求得的模型参数重新估计隐变量，再求解模型参数，不断迭代，得到最终的解。隐变量的初始估计值可以根据模型参数的当前估计值通过求期望来获得。

给定来自混合模型的样本 $\{x_1, x_2, \cdots, x_m\}$，其对应的隐变量为 $\{z_1, z_2, \cdots, z_m\}$，混合模型的参数为 θ，则 $p(x, z)$ 的最大似然估计为

$$\ell(\theta) = \sum_{i=1}^{m} \lg p(x; \theta)$$

$$= \sum_{i=1}^{m} \lg \sum_{z} p(x, z; \theta)$$

(7 - 12)

由于隐变量的存在，通过上式直接求解模型参数 θ 比较困难，若能够确定隐变量，则求解就会比较容易。设 Q_i 为表示隐含变量 z 的某种分布，则

$$\sum_{z} Q_i(z) = 1, Q_i(z) \geqslant 0$$

(7 - 13)

可得

$$\sum_{i} \lg p(x^{(i)}; \theta) = \sum_{i} \lg \sum_{z^{(i)}} p(x^{(i)}, z^{(i)}; \theta)$$

(7 - 14)

$$= \sum_{i} \lg \sum_{z^{(i)}} Q_i(z^{(i)}) \frac{p(x^{(i)}, z^{(i)}; \theta)}{Q_i(z^{(i)})}$$

(7 - 15)

$$\geqslant \sum_{i} \sum_{z^{(i)}} Q_i(z^{(i)}) \lg \frac{p(x^{(i)}, z^{(i)}; \theta)}{Q_i(z^{(i)})}$$

(7 - 16)

从式 (7－15) ~式 (7－16) 利用了 Jensen 不等式, 即如果 f 是凸函数, X 是随机变量, 那么

$$E[f(X)] \geqslant f(EX) \tag{7－17}$$

这个过程可以看作是对 $\ell(\theta)$ 求取下界。对于 Q_i 的选择, 有多种可能。可以证明, 当 Q_i 为 $p(z^i|x^i;\theta)$ 时, 等号成立。Q_i 即为给定参数 θ 后, 隐变量的后验概率, 这一步就是 E 步, 然后的 M 步就是根据 Q_i, 优化模型参数 θ。EM 算法的步骤为: 循环直到收敛

$$Q_i(z^{(i)}) := p(z^{(i)}|x^{(i)};\theta)$$

$$\theta := \arg\max_{\theta} \sum_i \sum_{z^{(i)}} Q_i(z^{(i)}) \lg \frac{p(x^{(i)}, z^{(i)};\theta)}{Q_i(z^{(i)})}$$

7.7 模型选择

模型拟合的最终目标是找到一个好的模型。好的模型是指符合训练数据, 同时, 对于在模型拟合过程中没有见到过的数据 (测试数据) 也是有较好的泛化能力的。在模型拟合中, 很多情况下都是针对混合模型进行拟合, 例如, 平面上的很多点拟合为多条直线。对于混合模型来说, 随着其中模型数目的增加, 训练数据的拟合程度也会更佳。若对于平面上的很多点, 每两个点使用一条直线来拟合, 则可以完美地对这些点进行拟合, 但是这样的模型对于训练数据来说就是过拟合了, 因此其对于测试数据的拟合效果将会很差。

模型拟合中有以下两个问题需要考虑:

(1) 偏差 (Bias): 模型与训练数据的偏差。

(2) 方差 (Variance): 在训练数据和测试数据上效果的差别。

模型拟合的目标是使得偏差与方差都比较小。使用复杂的模型可以减小偏差, 但是会增大方差, 反之亦然。偏差与方差是无法同时减小的, 如图 7－8 所示, 需要在偏差与方差之间找到一个折中。由于偏差随着模型的复杂度的增加而减小, 因此需要在偏差中添加一项随着模型的复杂度增加而增大的项作为惩罚项, 以保证模型不会太复杂, 从而在偏差与方差之间找到平衡。

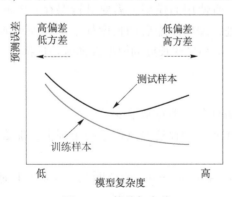

图 7－8 偏差与方差

使用 θ 表示模型的参数, $L(x;\theta)$ 表示在参数 θ 下数据点的对数似然。p 表示参数的数目, N 表示数据样本的数目。可以通过对数似然以及对参数数目的惩罚项共同计算一个分数来进行模型选择。计算的方法包括 AIC (An Information Criterion) 和 BIC (Bayes Information

Criterion) 以及最小描述长度等。

7.7.1　AIC

AIC 是由 Akaike 提出的一种用于模型选择的指标，模型的 AIC 值越小，表示该模型越好。AIC 的计算方式为

$$-2L(x;\theta)+2p \tag{7-18}$$

当模型对于数据的对数似然较大时，AIC 前半部分的值将会较小，而当模型的参数较少时，AIC 的后半部分的值也较小，因此，对于数据的对数似然较大且模型参数较少的模型，其 AIC 值将会比较小。

AIC 的一个问题是，在计算 AIC 的值时，数据样本的数目并没有参与运算。从理论上来说，当数据样本的数目较大时，拟合出的模型一般会较好。也就是说数据样本的数目与模型的好坏有着直接的关系，而 AIC 的计算中没有使用样本的数目，从而限制了其模型选择的能力。此外，很多的实验表明，AIC 更倾向于选择具有较多参数的模型，从而导致模型的过拟合[128]。

7.7.2　BIC

BIC 也称为 Schwarz Information Criterion（SIC），其计算方法为

$$-L(x;\theta)+\frac{p}{2}\lg N \tag{7-19}$$

一个好的模型的 BIC 值应该较小，可以看到，计算 BIC 值时用到了数据样本的数目。

7.7.3　最小描述长度

最小描述长度（Minimum Description Length，MDL）原理是由 Rissanen[79] 在研究通用编码时提出的。其基本原理是对于给定的数据样本，如果要对其进行保存，那么为了节省存储空间，一般会采用某种模型对其进行编码压缩，然后，再保存压缩后的数据，同时，为了以后正确恢复这些数据样本，所使用的模型也需要进行保存，因此需要保存的数据长度（比特数）等于这些数据样本进行编码压缩后的长度加上保存模型所需的数据长度，将该数据长度称为总描述长度。基于最小描述长度的模型选择就是选择使总描述长度最小的模型。

思考题

1. 请思考，RANSAC 方法的崩溃点是多少。

2. 给定平面上 n 个数据点。假设这些点位于一个圆上，那么应如何使用 RANSAC 方法估计圆的参数？

3. 设直线的表示方式 $ax+by+c=0$。请证明当 $a^2+b^2=1$ 时点 (u,v) 到直线的距离为 $\mathrm{abs}(au+bv+c)$。

4. 编程实现通过霍夫变换来拟合直线并观察直线参数离散化时每个单元的大小对于拟合结果的影响。

5. 编程实现通过 RANSAC 方法拟合直线并与通过霍夫变换拟合的结果进行比较。

第8章

三 维 重 建

三维重建是指通过二维图像恢复物体或场景的三维信息的过程。实际上，三维重建是三维物体或者场景成像的逆过程，成像是从三维场景到二维图像平面的映射过程，而三维重建是由二维的图像还原出场景的三维信息的过程。三维重建是在计算机中表达客观世界的关键技术之一。

三维重建可以通过一幅或多幅图像来恢复物体或场景的三维信息。由于单幅图像所包含的信息有限，因此通过单幅图像进行三维重建往往需要关于物体或场景的先验知识，以及比较复杂的算法和过程。相比之下，基于多幅图像的三维重建（模仿人类观察世界的方式）就比较容易实现，其主要过程为，首先，对摄像机进行标定，即计算出摄像机的内外参数；其次，利用多个二维图像中的信息重建出物体或场景的三维信息。本章主要介绍立体视觉和运动视觉两种基于多视图的三维重建方法。

8.1 立体视觉

人类是通过融合两只眼睛所获取的两幅图像，利用两幅图像之间的差别（视差）来获得深度信息。立体视觉即设计并实现算法来模拟人类获取深度信息的过程。在机器人导航、制图学、制图法、侦察观测、照相测量法等领域有重要的应用。单目成像与双目成像如图 8 - 1 所示。

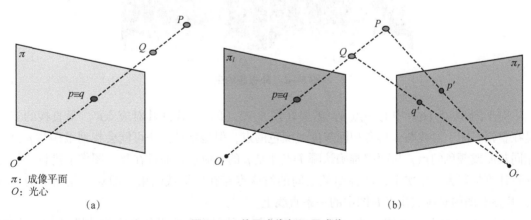

π：成像平面
O：光心

(a)   (b)

图 8 - 1 单目成像与双目成像

如图 8 - 1 （a）所示，在只使用一幅图像的情况下，由于空间中点 P 和点 Q 在图像平面上所成的像的位置相同，因此对于图像上一点 p，无法确认其是空间中点 P 还是点 Q 所成的像，即无法确定图像上点 p 的三维信息，而在使用两幅图像的情况下，如图 8−1（b）所示，空间中点 P 和点 Q 在左右两幅图像上所成的像的位置不同，如果能够在两幅图像上分别找到 P 点所成的像 p 和 p'，即找到两幅图像上的对应点，那么就可以通过三角测量的方式，通过计算直线 PO_r 和直线 PO_l 的交点，得到空间点 P 的三维坐标。

立体视觉主要分为三个步骤：一是相机标定，得到相机的内外参数；二是立体匹配，即找到两幅图像上的对应点；三是根据点的对应关系重建出场景点的三维信息。如果对应点能够精确地找到，那么后续重建点的三维坐标就会变得比较容易，但是对应点的匹配一直以来都是一个非常困难的问题，在很多情况下都无法得到准确的匹配结果。相机标定在第 2 章中已经进行了介绍，因此本章主要介绍立体匹配的方法。

8.1.1 外极线约束

假设使用两个相机拍摄只有一颗星星的夜空，两幅图像上都只有一个亮点，此时很容易找到对应点，即两幅图像上的两个亮点就是对应点，它们都是夜空中星星所成的像。当夜空中有很多星星时，寻找对应点就比较困难了。此时，很难确定左图中的一个亮点对应右图中的哪个点。外极线约束如图 8−2 所示，寻找对应点时有一个基本的假设，即场景中一点在两幅图像中所成的像是相同/相似的，即具有相同/相似的灰度或者颜色，因此在寻找对应点时，对于图 8−2（a）中的一点，需要在图 8−2（b）中寻找与其灰度或颜色相同/相似的点。

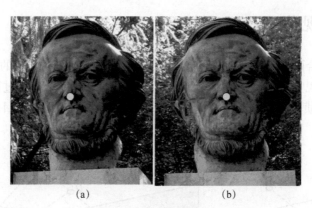

(a)　　　　　　(b)

图 8−2　外极线约束

对于图 8−2（a）中的一点 p，需要在图 8−2（b）中找到其对应点 p'。最直接的方式是在整幅右图上寻找与 p 具有相同灰度或颜色的点，但是这种做法可能会找到很多与 p 具有相同灰度或颜色的点，从而很难确认哪个点才是 p 的对应点，而且在整幅图像上进行寻找会导致计算量很大。事实上，两幅图像之间的对应点存在外极线约束，即对于左图上的一点 p，其在右图的对应点位于右图中的一条直线上。

如图 8−3 所示，左侧上的一点 p，其在右侧上的对应点位于其对应的外极线 l' 上，同样地，对于右图上一点 p'，其在左侧上的对应点位于其对应的外极线 l 上。外极线 l' 是由直线 OP、OO' 组成的平面与图像平面 Π' 之间的交线。

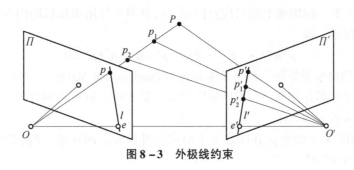

图 8-3　外极线约束

如图 8-4 所示，p' 为摄像机 2 中的图像坐标，是一个三维坐标（向量），Rp' 为 p' 点在摄像机 1 坐标系下的图像坐标，R 为摄像机 1 坐标系和摄像机 2 坐标系之间的旋转矩阵，T 为两个相机之间的位移（向量），Rp' 与 T 之间的差乘为一个与平面 POO' 垂直的向量。p 为摄像机 1 坐标系中的图像坐标，其位于平面 POO' 上。

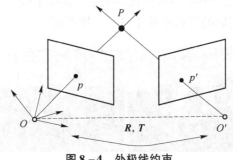

图 8-4　外极线约束

则 Rp' 与 T 之间差乘所得的向量与 p 垂直，则可得外极线约束的表达式为

$$p^{\mathrm{T}} \cdot [T \times (Rp')] = 0 \qquad (8-1)$$

差乘可以写为矩阵的乘法：

$$a \times b = \begin{pmatrix} 0 & -a_z & a_y \\ a_z & 0 & -a_x \\ -a_y & a_x & 0 \end{pmatrix} \begin{pmatrix} b_x \\ b_y \\ b_z \end{pmatrix} = [a_x] b \qquad (8-2)$$

其中 a_x 为斜对称矩阵，即一个矩阵的转置加上它本身是零矩阵。则外极线约束可以写为

$$p^{\mathrm{T}} \cdot [T \times (Rp')] = 0 \rightarrow p^{\mathrm{T}} \cdot [T_x] \cdot Rp' = 0 \qquad (8-3)$$

其中 $[T_x] \cdot R$ 为本质矩阵 E（Essential Matrix）。可以看出，本质矩阵只与摄像机的外参数 T 和 R 有关，而与摄像机的内参数无关。本质矩阵具有下列性质：

（1）Ep_2 是图像 2 上的点 p_2 在图像 1 上对应的外极线，同样的，Ep_1 是图像 1 上的点 p_1 在图像 2 上对应的外极线。

（2）E 是奇异的（秩为 2）。

（3）$Ee_2 = 0$，且 $E^{\mathrm{T}} e_1 = 0$，e_1，e_2 为极点，即两个摄像机光心连线与两个图像平面的交点。

（4）E 为一个 3×3 的矩阵，具有 5 个自由度。

在本质矩阵的公式中，p 和 p' 都是在图像坐标系下的坐标，而不是像素坐标系下的坐标。本质矩阵 E 并不包含摄像机的内参信息。在实际使用时往往更关注在像素坐标系上去

研究一个像素点在另一幅图像上的对应点问题。这就需要使用摄像机的内参信息将图像坐标系转换为像素坐标系，即

$$p^{\mathrm{T}}K^{-\mathrm{T}} \cdot \left[T_x \right] \cdot RK'^{-1}p' = 0 \rightarrow p^{\mathrm{T}}Fp' = 0 \qquad (8-4)$$

其中 K 为摄像机的内参数矩阵，F 为基本矩阵（Fundemental Matrix）。可以看出，基本矩阵与摄像机的内外参数都有关系。与本质矩阵类似，基本矩阵具有下列性质，注意，此处的 p 和 e 是在像素坐标系下的坐标。

（1）Fp_2 是图像 2 上的点 p_2 在图像 1 上对应的外极线，同样地，Fp_1 是图像 1 上的点 p_1 在图像 2 上对应的外极线。

（2）F 是奇异的（秩为 2）。

（3）$Fe_2 = 0$，且 $F^{\mathrm{T}}e_1 = 0$。

（4）F 为一个 3×3 的矩阵，具有 7 个自由度。

外极线约束可以将对应点的搜索范围缩小到一条直线上。此时，可以通过图像矫正（Image Rectification）的方法使外极线与图像的水平扫描线平行。图 8 - 5 显示了图像矫正前后外极线的变化情况。矫正后的图像更便于进行立体匹配。

图 8 - 5　图像矫正前后外极线的对比

8.1.2　视差与深度

对于立体视觉来说，一般情况下两个相机都是经过标定的，摄像机的内外参数已知。此时，可以通过式（8 - 4）计算得到基本矩阵，即得到外极线约束，再通过图像矫正，使外极线与图像的水平扫描线平行。后续章节都假设立体视觉系统已经经过了图像矫正，即外极线与图像的水平扫描线是平行的。

如图 8 - 6 所示，设立体视觉系统的基线为 B（即两个相机之间的距离为 B），相机的焦距为 f。x_R，x_T 分别为图像上点 p 和点 p' 的 x 坐标，则由相似三角形可得

$$\frac{b}{Z} = \frac{(b + x_T) - x_R}{Z - f} \implies Z = \frac{b \cdot f}{x_R - x_T} = \frac{b \cdot f}{d} \qquad (8-5)$$

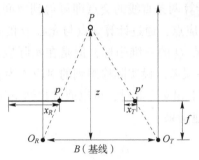

图 8 - 6 视差与深度

其中 $d = x_R - x_T$ 为视差，即在图像经过矫正的前提下，对应点之间 x 坐标的差值称为视差。由式（8 - 5）可以看出，视差越大的点（d 越大），其距离相机越近（Z 越小）；视差越小的点，其距离相机就越远。图 8 - 7 所示为视差图示例。视差图也可以视为一幅图像，其中每个像素的像素值表示的是该像素视差的大小，像素值越大，对应点视差图中的像素越亮，则表明该处的视差越大，距离相机越近。

　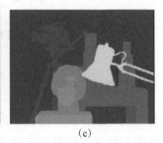

（a）　　　　　　　　　　（b）　　　　　　　　（c）

图 8 - 7 视差图示例

（a）图像 1；（b）图像 2；（c）视差图

基线的长度对于立体视觉的影响很大，一般来说，基线越长，立体视觉系统恢复出的三维信息的精度就越高，但同时也使两个相机的公共可视区域变小，如图 8 - 8 中的阴影区域所示，并且匹配的难度增大；反之，若基线越小，则两个相机的公共可视区域较大，并且匹配的难度较小。

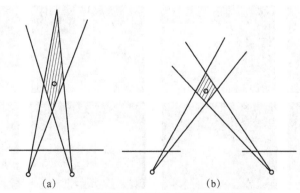

（a）　　　　　　　　　　　（b）

图 8 - 8 基线长度对于公共可视区域的影响

（a）小基线立体视觉系统；（b）大基线立体视觉系统

在得到对应点后，只需计算两条直线的交点即可得到空间点的三维坐标，如图 8-9 所示。q 和 q' 为理想情况下的对应点，通过计算 q 点与光心 O 的连线 qO 和 q' 点与光心 O' 的连线 $q'O'$ 的交点即可恢复空间点 Q 的三维坐标，但是在实际应用中，由于各种因素的影响，对应点的位置不可避免地存在误差。设实际检测到的对应点为 p 和 p'。p 与光心 O 的连线 pO 和 p' 点与光心 O' 的连线 $p'O'$ 并不相交。此时，可以通过找到空间中距离直线 pO 和 $p'O'$ 距离最近的点 P 来近似作为 Q 的重建结果。

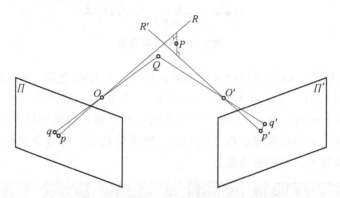

图 8-9 通过三角化恢复三维信息

8.1.3 立体匹配

立体匹配是立体视觉的核心问题。立体匹配是给定左图中一点，在右图中寻找其对应点。立体匹配的基本假设是空间中一点在左右两幅图像上所成的像具有相同（相似）的灰度或者颜色。这个假设根据成像物理学可以得到。对于空间中一点，其所在表面一般是朗伯表面，因此在各个方向上看具有相似的颜色或灰度。

立体匹配是一个非常困难的问题，在很多情况下根本无法进行有效的立体匹配，其面临的挑战如图 8-10 所示。分别显示了非朗伯表面、基线过大引起的变形、无纹理区域以及遮挡等因素对立体匹配造成的困难，在这些情况下，立体匹配的基本假设得不到满足，立体匹配根本无法进行。

图 8-10 立体视觉面临的挑战

　　进行立体匹配时，最简单的匹配方法是对左图中的一个像素，对其在右图中对应的外极线上（经过矫正后，外极线即为水平扫描线）的所有像素逐个进行匹配。匹配是通过对比两个像素的灰度值的差异进行的。外极线上与待匹配的像素的灰度值差异最小的像素被视为是匹配的像素。这种匹配方法容易受到噪声的影响，一般来说得不到较好的匹配效果。

　　一种改进的方法是对两个像素进行匹配时，比较以两个像素为中心的一个小窗口之间的相似性，如图 8 - 11 所示。选取使两个窗口之间匹配代价最小的像素为匹配点。计算两个窗口之间的匹配代价时，可以使用绝对差和（Sum of Absolute Differences，SAD），即两个窗口中对应像素之间的差的绝对值之和；或者使用误差平方和（Sum of Squared Differences，SSD），即两个窗口中对应像素之间的差值的平方和以及归一化互相关（Normalized Cross Correlation，NCC）等方式来计算两个窗口的差异。SAD、SSD 以及 NCC 的计算过程如式（8 - 6）~ 式（8 - 8）所示。

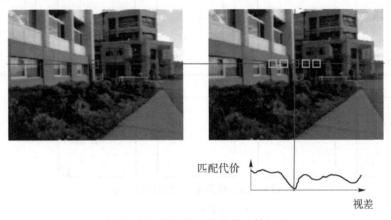

匹配代价

视差

图 8 - 11　基于窗口差异的立体匹配

$$C(x,y,d) = \sum_{x,y \in S} \left| I_R(x,y) - I_T(x+d,y) \right| \tag{8-6}$$

$$C(x,y,d) = \sum_{x,y \in S} \left(I_R(x,y) - I_T(x+d,y) \right)^2 \tag{8-7}$$

$$C(x,y,d) = \frac{\sum_{x,y \in S} \left(I_R(x,y) - \bar{I}_R \right) \left(I_T(x+d,y) - \bar{I}_T \right)}{\left[\sum_{x,y \in S} \left(I_R(x,y) - \bar{I}_R \right)^2 \sum_{x,y \in S} \left(I_T(x+d,y) - \bar{I}_T \right)^2 \right]^{1/2}} \tag{8-8}$$

　　基于窗口的匹配方法可以得到稠密的匹配结果，也比较容易实现，但其缺点是需要在纹理比较丰富的区域才能得到较好的匹配结果。当两个相机的视角差异较大时，效果也不理想，同时，还容易受到边界及遮挡区域的影响。

　　遮挡处的立体匹配如图 8 - 12 所示，其中由于窗口遮挡的影响，两个对应点所在的窗口中的内容并不相同。此时，可以将窗口划分为 $n(4)$ 个子窗口，匹配时分别计算多个子窗口之间的差异，取差异最小的前 $m(2)$ 个窗口来计算最后的匹配程度。Kanade[86] 等提出了使用自适应窗口大小的方法进行立体匹配，对于每个像素，自适应选择能够最小化不确定性的窗口尺寸。Fusiello 等[87] 提出了使用多个窗口进行匹配的方法，匹配时选用九个窗口进行匹配，选得分最高的窗口为最终匹配结果，图 8 – 13 所示每个窗口针对其中标黑的像素计算 SSD 误差。

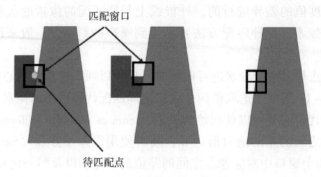

图 8 – 12　遮挡处的立体匹配

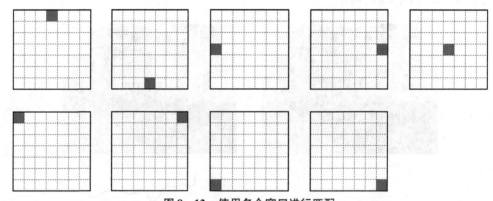

图 8 – 13　使用多个窗口进行匹配

[图片引自 Fusiello 等（1997）]

以上介绍的都是基于局部的方法，即在进行立体匹配时，只考虑像素的一个小的邻域，没有综合考虑其他像素的匹配结果；而全局的方法则是将立体匹配看作是一个能量最小化问题，通过添加平滑等约束来得到一个全局最优的匹配结果。

全局方法将立体匹配问题视为一个视差分配问题，寻找一种视差分配使得在整个图像上的立体匹配对之间的代价最小。此处的代价包括数据项和平滑项。数据项表示的是匹配对之间的匹配代价。例如，窗口之间的差异。平滑项在匹配结果上施加平滑约束，使相邻像素的视差一般不大（边界处例外），即

$$E(d) = E_{\text{data}}(d) + E_{\text{smooth}}(d) \qquad (8-9)$$

其中 d 表示一种视差分配。

可以将图像视为一个图，将像素视为图中的节点，图中的边连接相邻的像素，则立体匹配可以视为优化下式：

$$E(d) = \sum_{p \in v} U_p(d_p) + \sum_{(p,q) \in \varepsilon} B_{pq}(d_p, d_q) \qquad (8-10)$$

其中

$$U_p(d_p) = \sum_{q \in N(p)} (I(q) - I'(q + d_p))^2 \qquad (8-11)$$

$$B_{pq}(d_p, d_q) = \gamma_{pq} |d_p - d_q| \qquad (8-12)$$

$U_p(d_p)$ 为数据项，衡量两个窗口的相似程度，B_{pq} 为平滑项，γ_{pq} 为大于 0 的权重。当相邻像素的视差差别较大时会有较大的惩罚。需要注意的是，由于在边界处往往会发生较大的视差变化，平滑假设在边界处是不成立的。此时，可以用式（8-13）在一定程度上解决这个问题。

$$B_{pq}(d_p, d_q) = \gamma_{pq} |d_p - d_q| \cdot p(|I(p) - I(q)|) \qquad (8-13)$$

其中 p 是单调递减的函数，在边界处视差较大，而在边界处灰度的差别一般也较大，从而可以减小在边界处对于大视差的惩罚力度。

得到视差图后，可以对视差图进行进一步的优化。例如，使用各种图像去噪的方法来去除视差图中的外点。另外，还可以使用双向匹配（Bidirectional Matching，BM）的方法来去除匹配中的外点。双向匹配是指先以左图作为参考图像，进行一次立体匹配，得到匹配的结果；然后再以右图作为参考图像，再进行一次立体匹配，得到匹配结果。两次匹配结果中一致的匹配点保留，不一致的匹配点则去除。

如图 8-14 所示，左侧中一点 A 在右侧中没有出现，不存在匹配点，以左侧为参考图像进行匹配时，会为 A 点找到错误的与 A 点相似的匹配点 B。当以右侧为参考图像进行匹配时，由于 B 点在左侧中的匹配点存在，所以有很大可能找到其正确的匹配点 C。此时，两次匹配结果不同，可以将错误的匹配（A，B）去除。双向匹配可以有效地去除匹配中的外点，但其缺点是计算代价太大，需要进行两次匹配。

图 8-14　使用双向匹配去除错误匹配点

（图像来自 Middlebury 数据集）

8.2　运动视觉

运动视觉与立体视觉有很多相似的地方。立体视觉是同时使用两个相机拍摄场景，运动视觉则是使用一个相机先拍摄一幅图像，然后移动相机，再拍摄一幅图像。二者的区别在于，立体视觉可以拍摄动态的场景，而运动视觉不可以；同时，在立体视觉中相机一般是经过标定的，外极线约束已知，而且立体视觉中两个相机的视角一般比较相似，基线不大，因此可以对图像进行矫正，使外极线与图像水平扫描线平行。在运动视觉中，相机一般是没有标定过的，外极线约束未知，需要先计算匹配点，进而计算基本矩阵得到外极线约束，而一般在运动视觉中也不进行图像矫正，三维恢复的精度一般较低，恢复的点也相对稀疏。

运动视觉（Structue from Motion）[88]的问题可以描述为：对于空间中的 n 个点，给定在不同视角下拍摄的包含这 n 个点的 m 幅图像，则可以得到

$$p_{ij} = M_i P_j, i = 1, \cdots, m, j = 1, \cdots, n \tag{8-14}$$

其中 p_{ij} 为第 j 个空间点 P_j 在第 i 幅图像中所成的像，运动视觉就是通过图像点 p_{ij} 来恢复 m 个投影矩阵 M_j，进而得到摄像机的姿态（运动）并恢复 n 个空间点的三维信息（结构），如图 8-15 所示。

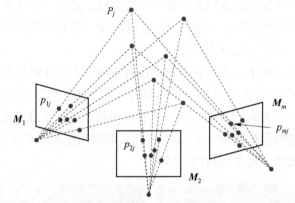

图 8-15　从多幅图像中恢复场点的三维信息以及摄像机的姿态

运动视觉恢复出的结构信息和运动信息一般都带有一定的不确定性。设 M_j，P_j 分别为恢复出的投影矩阵和空间点的三维信息，则 HP_j 和 $M_j H^{-1}$ 也都符合投影公式，即

$$p_j = M_i P_j = （M_i H^{-1}）（H P_j） \tag{8-15}$$

如图 8-16 所示，通常（即没有任何关于相机和场景信息的）情况下，只能得到射影意义下的重建。其中 A 为 3×3 矩阵，t 和 v 为 3×1 的向量，v 为标量，R 为 3×3 的旋转矩阵，s 为尺度因子。此时，式（8-15）中的 H 为一个射影变换，拥有 12 个自由度。射影重建仅保持相交和相切关系，即真实场景中相交的直线在恢复的场景中仍然相交，而真实场景中平行的直线在恢复的场景中不一定能够保持平行。此时，可以通过已知场景或者相机的信息将射影重建升级到仿射重建。例如，通过场景中的无穷远平面（通过相机的纯平移运动或者场景中的平行线可以得到）可以将投影重建升级到仿射重建。除保持相交和相切关系之外，仿射重建还能保持平行关系。通过摄像机的内参数可以将仿射重建升级到相似重建，在相似重建下可以保持角度和长度比；通过已知场景中的物体的尺寸，可以将相似重建升级到欧式重建，此时可以保持长度。不同重建结果示例如图 8-17 所示。

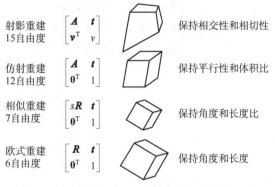

射影重建 15自由度	$\begin{bmatrix} A & t \\ v^{\mathrm{T}} & v \end{bmatrix}$		保持相交性和相切性
仿射重建 12自由度	$\begin{bmatrix} A & t \\ 0^{\mathrm{T}} & 1 \end{bmatrix}$		保持平行性和体积比
相似重建 7自由度	$\begin{bmatrix} sR & t \\ 0^{\mathrm{T}} & 1 \end{bmatrix}$		保持角度和长度比
欧式重建 6自由度	$\begin{bmatrix} R & t \\ 0^{\mathrm{T}} & 1 \end{bmatrix}$		保持角度和长度

图 8 – 16 重建的不同层次

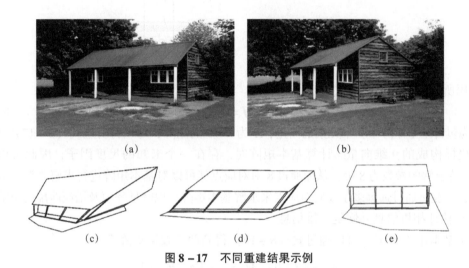

图 8 – 17 不同重建结果示例

（a）图像1；（b）图像2；（c）射影意义下的重建结果；（d）仿射意义下的重建结果；（e）相似意义下的重建结果

8.2.1 两视角的运动视觉

两视角的运动视觉是通过在不同位置拍摄的两幅图像来恢复摄像机的运动以及场景的三维结构。两视角的运动视觉的计算过程为：寻找图像间的对应点，计算基本矩阵，通过基本矩阵估计相机的信息，进而使用估计出的相机信息以及对应点信息进行三角化得到对应点的三维坐标，完成重建过程。

（1）寻找图像间的对应点。

在运动视觉中寻找图像间的对应点时，与立体视觉不同，此时基本矩阵未知，无法通过外极线约束缩小搜索范围。此时，可以首先检测特征点，例如，Horris 角点或者 SIFT 特征点，然后使用以特征点为中心的一个窗口在整个图像上来寻找对应点。

（2）计算基本矩阵。

由基本矩阵的公式可知，一对对应点可以提供一个关于基本矩阵的方程。给定一对对应点 p，p'，坐标分别为$(u,v,1)$，$(u',v',1)$，根据外极线约束可得$p^{\mathrm{T}}Fp = 0$，展开可得

$$(u,v,1)\begin{pmatrix}F_{11} & F_{12} & F_{13}\\ F_{21} & F_{22} & F_{23}\\ F_{31} & F_{32} & F_{33}\end{pmatrix}\begin{pmatrix}u'\\ v'\\ 1\end{pmatrix}=0 \qquad (8-16)$$

可写为

$$(uu',uv',u,vu',vv',v,u',v',1)\begin{pmatrix}F_{11}\\ F_{12}\\ F_{13}\\ F_{21}\\ F_{22}\\ F_{23}\\ F_{31}\\ F_{32}\\ F_{33}\end{pmatrix}=0 \qquad (8-17)$$

使用所有的对应点，可以得到

$$Af=0 \qquad (8-18)$$

其中 f 为包含基本矩阵中 9 个元素的向量，A 为 $n\times9$ 的矩阵，每一行对应式（8-17）中的由对应点坐标构成的 9 维向量。计算基本矩阵时，存在一个未知的尺度因子，因此可以设置 $F_{33}=1$。待求解的参数为 8 个，从而通过 8 对对应点就可以对基本矩阵进行求解[90,91]。在实际应用中，一般是通过远远多于 8 对对应点来求解基本矩阵，以降低噪声及错误匹配的影响。

（3）估计相机信息并恢复三维信息。

求出基本矩阵 F 后，可以通过式（8-19）得到两个投影矩阵[89]：

$$\tilde{M}_1=[\,I \quad 0\,], \quad \tilde{M}_2=[\,-[e_x]F \quad e\,] \qquad (8-19)$$

其中 e 为极点，然后通过三角测量（Triangulation）的方式就可以得到场景中点的三维重建结果，即恢复出场景的结构。另外，还可以通过分解投影矩阵，得到摄像机的外参数[51]，即摄像机的运动信息。需要注意的是，此时恢复的是射影意义下的三维结构。

8.2.2 多视角的运动视觉

多视角的运动视觉一般都要使用束调整（Bundle Adjustment）算法，通过最小化重投影误差来得到优化后的重建结果，但是束调整方法需要较好的初值才能得到较好的结果。多视角的运动视觉可以通过基于序列（Sequential）的方法和基于分解（Factorisation）的方法来得到相机运动和三维结构的初始重建结果。

1. 基于序列的方法

基于序列的方法是通过每次添加一幅图像，依次使用多幅图像进行三维重建。首先，通过视图 1 和视图 2 计算基本矩阵，恢复相机在视角 1 和视角 2 处的投影矩阵并进行三维重建，得到在视角 1 和视角 2 下都可见的点的三维信息；其次，通过所恢复的点中在视角 3 下也可见的部分，即在视角 1、2、3 下都可见的点的三维信息计算视角 3 的投影矩阵。通过视角 3 的投影矩阵，联合视角 1 和视角 2 的投影矩阵，计算视角 3 下新的可见点的三维信息，即通过投影矩阵 2 和投影矩阵 3，重建在视角 2 和视角 3 下都可见，而不被视角 1 和视角 2 同时可见的点的三维信息，同时，使用投影矩阵 3 来优化已经重建出的在视角 1 和视角 2 下可见，且在视角 3 下也可见的点的三维信息。依次处理所有的视角，得到重建的结果。

此外，也有通过融合三维重建结果的方法[81]进行多视角下的三维重建。首先通过视图 1 和视图 2 得到部分重建结果，通过视图 2 和视图 3 得到部分重建结果，然后，再通过两个重建结果中的三维对应点，将两个部分重建结果进行融合，从而得到多视图下的三维重建结果。

2. 基于分解的方法

基于分解的方法同时使用所有的视图进行重建，即同时恢复所有视角的投影矩阵和所有空间点的三维信息。这种方法的优点是重建误差会比较均匀地分布在所有的视图上，而基于序列的方法可能引起误差的累积，使最后面的视图的重建结果误差较大。

基于分解的方法最开始是针对一些简化的相机模型。例如，正交投影相机和弱透视投影相机等可以使用基于直接 SVD 分解的快速线性方法进行[82,83]，但是这些方法对于真实的相机并不适用。后来，提出了一些针对透视投影相机的基于分解的方法[84,85]，但是这些方法都是迭代的方法，并不能保证收敛到最优解。

3. 束调整

在运动视觉中，束调整是很常用的一个算法[92]。束调整的基本思想是，通过最小化重投影误差，即计算出投影矩阵 M 和重建结果 P 后，通过投影矩阵 M 将 P 重新投影到图像平面上，通过最小化投影点和实际图像点之间的距离，来优化投影矩阵和重建结果。

$$E(M,P) = \sum_{i=1}^{m} \sum_{j=1}^{n} D(p_{ij}, M_i P_j)^2 \tag{8-20}$$

束调整可以同时处理多幅图像，而且，对于缺失数据的情况也能很好地处理，但其局限是需要一个好的初始值才能得到好的优化结果。

8.2.3　运动视觉的应用

运动视觉可以应用在增强现实、遗迹重建和虚拟游览以及三维地图等领域。图 8 – 18 显示了基于运动视觉的摄影旅游（Photo Tourism）[93]。通过拍摄或者从网上收集感兴趣的景点的照片，通过运动视觉恢复场景点的三维信息以及每幅照片的拍摄位置，就可以将这些无序的照片组织起来，以便于用户选择不同的视角和位置对景点进行观察。

(a)　　　　　　　　　　　　　　(b)

图 8 – 18　摄影旅游

[图片引自 Snavely 等（2006）]

（a）关于景点的照片；（b）根据运动视觉重建的景点的三维信息以及每幅照片的拍摄位置

图 8－19 所示为苹果、谷歌以及微软的三维地图示例。这些三维地图是通过使用无人机在城市上空拍摄大量的图像，并通过运动视觉的方法重建得到的。

图 8－19　从上至下分别为苹果、谷歌以及微软生成的三维地图

[图片引自 Furukawa（2015）]

思考题

1. 基线越长，立体匹配的难度越大；反之，基线越小，则立体匹配的难度越小。请从成像的原理上说明原因。

2. 请思考，为什么对两个像素进行匹配时，比较以两个像素为中心的一个小窗口之间的相似性，对应点对应的窗口也是相似的。

3. 请思考，在图 8－10 中显示的无纹理区域的情况下，应如何进行立体匹配。

4. 在立体匹配时，为什么为一个像素点分配一个视差可以视为该像素点找到了一个匹配点？

5. 请思考，除书中列出的应用外，运动视觉还可以应用在什么地方。

第 9 章
视觉目标跟踪

9.1 视觉目标跟踪简介

视觉目标跟踪（Visual Object Tracking）是指在图像序列中根据视频信息在空间或时间上的相关性，对特定目标进行检测、提取并获得目标的位置参数，如目标质心的位置、姿态、形状以及轨迹等信息[97]。根据跟踪结果，可以对目标进行后续的分析，以实现对特定目标的行为理解以及完成更高层的视觉任务。常见的目标跟踪任务分为单目标跟踪和多目标跟踪。单目标跟踪关注的是视频中某一个目标的大小和位置预测的问题，而多目标跟踪关注的是在视频中多个目标的大小和位置预测的问题，如图 9-1 所示。

图 9-1　单目标跟踪与多目标跟踪

（图中的图像来自数据集 OTB50）

作为计算机视觉领域的挑战性工作之一，视觉目标跟踪一直都是研究人员的研究热点，在无人驾驶、智能监控系统、视频检索、人机交互等领域具有重要的应用价值。除对于通用目标的跟踪算法外，还有针对特定物体的跟踪方法，如车辆跟踪和行人跟踪等。另外，针对单目标和多目标跟踪的挑战赛也促进了跟踪算法的快速发展。

视觉目标跟踪算法主要分为目标初始化、表观建模、运动估计和目标定位四部分。跟踪中，一般手动或者使用检测器对目标进行初始化。表观建模主要描述的是目标的视觉特征（颜色、纹理、边缘等）以及如何度量视觉特征之间的相似性，是实现鲁棒跟踪的先决条件。运动估计则是采用某种运动假设来确定目标的可能位置，比如，线性回归、卡尔曼滤波或粒子滤波等。最后，在表观模型和运动估计的基础上，采用某种最优化策略确定目标最可能的位置以达到目标关联的目的，实现最终的目标跟踪。

尽管已经有了大量的研究成果，但是在复杂条件下实时、准确地跟踪目标依然是一个非常困难的问题。视觉目标跟踪面临的挑战主要包括：①表观变化：运动目标由于姿态变化、尺度变化、光照变化等原因会导致物体的表观发生变化，进而引起对应的特征或者表观模型发生改变，导致跟踪失败。②遮挡：当发生遮挡时，遮挡物可能被当作目标，导致后续图像中的待跟踪目标漂移到遮挡物上，或者目标被完全遮挡时，由于找不到目标的对应模型，导致跟踪失败。③图像模糊：目标快速运动、分辨率低等情况会导致图像模糊，进而影响跟踪结果。

目前，视觉目标跟踪算法可以分为产生式（Generative Model）和判别式（Discriminative Model）两大类别。

9.2 产生式跟踪方法

产生式跟踪方法运用生成模型描述目标的表观特征，之后，通过最小化重构误差来搜索候选目标。产生式方法更关注被跟踪的目标本身，关注如何精确地拟合来自目标表观的数据。由于目标表观并没有特定的形式，因此在实际应用中验证产生式表观模型的正确性极其困难，而且在参数估计（如期望最大化算法）过程中经常受到局部极值的影响。为了适应表观变化，此类方法通过在线更新机制增量地学习目标区域的表示，但是忽略了背景的信息，因此通常无法处理背景区域中与目标具有相似表观的物体的干扰。当目标的表观信息发生变化时，很容易发生漂移。

粒子滤波是产生式跟踪方法中常用的跟踪框架之一，而稀疏编码，基于子空间的表示方法等是产生式跟踪方法中常用的目标表示方法。

9.2.1 粒子滤波

粒子滤波是一种非参数化的滤波方法，其基于蒙特卡洛方法将贝叶斯滤波方法中的积分运算转化为粒子采样求样本均值的问题，通过对状态空间的粒子的随机采样来近似求解后验概率，则可以有效地处理非线性、非高斯问题。2002 年，Nummiaro 等[99]开始将粒子滤波运用到目标跟踪领域并且取得了很好的效果。

粒子滤波包含两个步骤：预测和更新。

设 x_t 表示状态变量，对于目标跟踪来说，x_t 表示目标在 t 时刻的位置和大小等状态。设 $z_{1:t-1}$ 为到 $t-1$ 时刻的所有观测值，则 x_t 在 t 时刻的先验概率为

$$p(x_t \mid z_{1:t-1}) = \int p(x_t \mid x_{t-1}) p(x_{t-1} \mid z_{1:t-1}) \mathrm{d}x_{t-1} \qquad (9-1)$$

在得到了 t 时刻的观测值 z_t 后，基于贝叶斯准则可以更新 x_t：

$$p(x_t \mid z_{1:t}) = \frac{p(z_t \mid x_t) p(x_t \mid z_{1:t-1})}{p(z_t \mid z_{1:t-1})} \qquad (9-2)$$

其中 $p(z_t \mid x_t)$ 为观测似然函数。这两个步骤迭代进行计算，就可以得到最优贝叶斯估计。

贝叶斯滤波需要进行积分运算，除了一些特殊的系统模型，如线性高斯系统和有限状态的离散系统等。对于一般的非线性非高斯系统，贝叶斯滤波很难得到后验概率的封闭解析式。

粒子滤波通过从后验概率分布中采样 N 个带有权重的粒子 (x_t^i, w_t^i) 来近似求解后验概率 $p(x_t|z_{1:t})$。在实际计算时，由于后验概率分布未知，因此无法直接从后验概率分布中进行采样，一般通过重要性采样方法来进行。重要性采样法通过引入一个已知的、容易采样的重要性概率密度函数 q 来进行采样。每个粒子的权重计算为

$$w_t^i = w_{t-1}^i \frac{p(z_t|x_t^i)p(x_t^i|x_{t-1}^i)}{q(x_t|x_{1:t-1}, z_{1:t})} \qquad (9-3)$$

在实际应用中，通常选择状态变量的转移概率密度函数 $p(x_k|x_{k-1})$ 作为重要性概率密度函数，则粒子权重变为观测似然 $p(z_t|x_t)$。在计算过程中，经过几次迭代后，只有少数粒子的权重较大，其余粒子的权重变得非常小到可以忽略不计，导致状态空间中的有效粒子数目减小。此时，可以通过重采样的方法去除权重小的粒子，根据权重重新采样获得新的数目为 N 的粒子，从而经过迭代后，物体的状态可以通过下式来计算：

$$E[x] = \sum_{i=1}^{N} w^i x^i \qquad (9-4)$$

使用粒子滤波进行跟踪的过程如下[100]：

（1）建立目标的表观模型来描述目标，此步骤将在下一节中详细介绍。

（2）定义系统状态方程，例如系统状态方程可以定义为匀速运动；定义粒子，例如每个粒子表示目标的中心位置和大小。

（3）若初始状态的概率密度函数 $p(x_0)$ 是已知的，则根据 $p(x_0)$ 产生 N 个粒子。在跟踪中，若第一帧中的物体的位置已知，则可以假设 $p(x_0)$ 为高斯分布，通过采样生成 N 个粒子。

（4）对于时刻 $t=1, 2, \cdots$：

（a）使用系统状态方程对粒子进行传播，得到每个粒子的新的状态。

（b）计算每个粒子的权重。即每个粒子对应一个中心位置和大小，从而可以得到一个图像区域，计算该图像区域的表观模型，并计算该区域的表观模型与物体的表观模型的距离。距离越小则该粒子的权重越大。

（c）归一化每个粒子的权重，使所有粒子的权重之和为 1。

（d）重采样，去除权重小的粒子，根据权重重新采样获得新的数目为 N 的粒子集合。

（e）根据式（9-4）得到当前的跟踪结果，并进行模型更新。

基于粒子滤波的目标跟踪方法通过迭代求解粒子状态的均值来近似求解后验概率。粒子滤波跟踪算法的无参数估计特性使其适用于非线性动态系统分析，但也存在一定的不足：①由于将重要性函数作为后验概率分布函数，在递推过程中会出现粒子退化问题。采用重采样解决粒子退化问题时，可能会导致粒子的多样性丧失。②由于粒子滤波跟踪基于蒙特卡洛思想进行递推贝叶斯滤波，因此其精度受到获取粒子数目的影响，粒子数目较大时精度较高，但也会严重影响跟踪速度；反之，则精度会降低。

9.2.2　基于稀疏编码的目标表示

在基于粒子滤波的跟踪方法中，应先建立物体的表观模型，即对目标进行建模，提取目

标的特征。建立表观模型的方法有很多，包括计算目标区域的颜色直方图作为目标的表观模型[99]，使用子空间来描述物体[101]，以及使用稀疏编码来描述物体[96]等。

稀疏编码通过一组"超完备"的基向量来高效地表示样本数据。通过使用基向量的线性组合来表示样本。超完备基的好处是它们能更有效地找出隐含在输入数据内部的结构与模式。对于超完备基来说，每个基的系数不再由输入样本唯一确定，因此，在稀疏编码算法中，增加了一个评判标准"稀疏性"来解决因超完备而导致的退化问题。

稀疏性是指系数中只有很少的几个非零元素或只有很少的几个远大于零的元素。研究表明：初级视觉皮层 V1 区第四层有约 5 000 万个神经细胞（相当于基函数），而负责视觉感知的视网膜和外侧膝状体的神经细胞只有 100 万个左右（理解为输出神经元）。这说明稀疏编码是神经信息群体分布式表达的一种有效策略。1996 年，加州大学伯克利分校的 Olshausen 等在 *Nature* 杂志上发表论文[125]指出自然图像经过稀疏编码后得到的基函数具有类似 V1 区简单细胞感受野的反应特性，即空间局部性、空间方向性和信息选择性。

可以使用目标模板的线性组合来表示物体[96]。给定包含 n 个目标模板的模板集 $T = [t_1, t_2, \cdots, t_n]$，待跟踪的目标 y 可以表示为模板的线性组合

$$y \approx Ta = a_1 t_1 + a_2 t_2 + \cdots + a_n t_n \qquad (9-5)$$

其中 $a = [a_1, a_2, \cdots, a_n]^T$ 为目标系数向量。在目标跟踪中，目标可能会被遮挡或者图像中包含噪声，都会给目标表示带来不可预测的误差。噪声或者遮挡可能发生在物体的任何位置，为了表示这些误差，修改式（9-5）为

$$y = Ta + \epsilon \qquad (9-6)$$

其中 ϵ 为误差向量，误差向量中的部分元素是非零的。这些非零元素表示了 y 中被遮挡或者噪声所影响的像素[96]。使用琐碎模板（Trivial Temlates）来表示这些遮挡或者噪声的影响，即

$$I = [i_1, i_2, \cdots, i_d] \in \mathbb{R}^{d \times d} \qquad (9-7)$$

则物体可以表示为

$$y = [T, i] \begin{pmatrix} a \\ e \end{pmatrix} \qquad (9-8)$$

每个琐碎模板 i_i 都是一个只有一个非零元素的向量。$e = [e_1, e_2, \cdots, e_d]^T$ 为琐碎系数向量。

目标编码向量 a 中的元素理论上可以是任意数值，既可以是正数，也可以是负数，但是在跟踪中，对目标编码向量进行非负约束有利于滤除与模板具有相似的模式但明暗相反的图像块的影响，同时，目标几乎总是能使用正的系数和模板来表示，因此对目标编码向量进行了非负约束。但是对琐碎编码向量添加非负约束则不太合理。此时，可以通过添加负琐碎模板，同时，对所有的系数施加非负约束来实现对目标编码向量的非负约束。图 9-2 显示了目标模板和正负琐碎模板的示例，添加了负琐碎模板及系数的非负约束后，式（9-8）变为

$$y = [T, I, -I] \begin{pmatrix} a \\ e^+ \\ e^- \end{pmatrix} \cong Bc, \text{ s. t. } c \geq 0 \qquad (9-9)$$

对下式添加 L1 约束，可以实现对目标的稀疏编码。

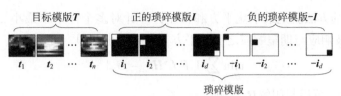

图 9 – 2　目标模板和琐碎模板

［图片引自 Mei 等（2010）］

$$\min \| \boldsymbol{B}\boldsymbol{c} - \boldsymbol{y} \|_2^2 + \lambda \| \boldsymbol{c} \|_1 \qquad (9-10)$$

在跟踪时，第一帧中的目标通过手工选定或者通过自动检测的方式得到，并作为模板 $\boldsymbol{t}_1$，然后，在高斯分布下随机扰动 $\boldsymbol{t}_1$ 顶点的坐标，得到其他 $n-1$ 个目标模板 $\boldsymbol{t}_2, \cdots, \boldsymbol{t}_n$。将每个模板写作向量形式，形成目标模板集。此时，可以使用稀疏表示的误差作为观测似然函数，在粒子滤波框架下进行目标跟踪。

9.3　判别式跟踪方法

与产生式跟踪方法不同，判别式方法通过训练分类器来区分目标和背景，其核心是把前景目标从背景中区分出来。这个过程有时也被称为通过检测进行跟踪（Tracking by Detection）的方法。常见的判别式跟踪方法包括相关滤波、基于在线多示例学习的目标跟踪算法等。此外，大多数基于深度学习的跟踪方法也属于判别式方法。判别式方法因为考虑了背景信息，一般可以取得比产生式方法更好的跟踪性能，是目标跟踪领域中的主流方法。

9.3.1　相关滤波

相关滤波（Correlation Filter）方法源于信号处理领域，相关性用于表示两个信号之间的相似程度，通常用卷积表示相关操作。基本思想是，寻找一个滤波模板，让下一帧的图像与滤波模板做卷积操作，响应最大的区域就是目标区域。根据这一思想先后提出了大量的基于相关滤波的方法，包括误差最小平方和滤波器平方误差输出和（Minimum Output Sum of Squared Error filter，MOSSE）跟踪方法[102]、引入核方法（Kernel Method）、利用循环矩阵计算的核化相关滤波器（Kernelized Correlation Filters，KCF）方法[122]。另外，在 KCF 基础上又发展了一系列方法来解决相关滤波方法中的一些挑战性问题，如判别式尺度跟踪（Discriminative Scale Space Tracker，DSST）[123]可以处理尺度变化。

2010 年，Bolme 等[102]将相关滤波器应用到目标跟踪领域，提出了基于 MOSSE 的相关滤波目标跟踪方法，将时域计算转换到频域进行计算，并通过构造相关滤波器来搜索具有最大响应的候选区域进行跟踪。

根据目标区域构造滤波器，在下一帧目标区域附近进行搜索，响应最大的位置即为目标位置，即

$$\boldsymbol{G} = \boldsymbol{F} \odot \boldsymbol{H}^* \qquad (9-11)$$

其中，$\boldsymbol{F} = \mathcal{F}(f)$ 为目标区域特征的傅里叶变换，$\boldsymbol{H} = \mathcal{F}(h)$ 为滤波模板的傅里叶变换，$\boldsymbol{H}^*$ 表示 $\boldsymbol{H}$ 的共轭转置，$\boldsymbol{G}$ 表示最终的响应。滤波模板可以通过下式计算：

$$\boldsymbol{H}^* = \frac{\boldsymbol{G}}{\boldsymbol{F}} \qquad (9-12)$$

MOSSE 提出的方法就是最小化平方和误差，即针对多个样本求最小二乘，具体为构造目标函数，使滤波响应与期望响应之间的平方差之和最小，即

$$\min_{\boldsymbol{H}^*} \sum_i |\boldsymbol{F}_i \odot \boldsymbol{H}^* - \boldsymbol{G}_i|^2 \tag{9-13}$$

由式（9-13）可得封闭解 $\boldsymbol{H}^*$，即

$$\boldsymbol{H}^* = \frac{\sum_i \boldsymbol{G}_i \odot \boldsymbol{F}_i^*}{\sum_i \boldsymbol{F}_i \odot \boldsymbol{F}_i^*} \tag{9-14}$$

跟踪过程中由上一帧求解目标模板，在下一帧搜索与目标模板响应最大的位置作为目标位置进行输出，并采用下面的在线更新策略对目标模板进行更新。

$$\boldsymbol{H}^* = \frac{\boldsymbol{A}_i}{\boldsymbol{B}_i}$$
$$\boldsymbol{A}_i = \eta \boldsymbol{G}_i \odot \boldsymbol{F}_i^* + (1-\eta)\boldsymbol{A}_{i-1}$$
$$\boldsymbol{B}_i = \eta \boldsymbol{F}_i \odot \boldsymbol{F}_i^* + (1-\eta)\boldsymbol{B}_{i-1} \tag{9-15}$$

其中 η 为学习率，一般将其设置为 0.1。

相关滤波算法采用构造相关滤波器的方法，在下一帧将滤波器与预测位置进行滤波，选择响应最大的位置作为目标的新位置。算法将时域计算通过傅里叶变换转化到频域中进行计算，使计算速度得到极大提升。另外，算法的实现与扩展也比较容易，但相关滤波算法也存在一些缺点，例如跟踪效果容易受到相似背景、目标形变、遮挡、尺寸变化等因素影响。频域中的计算容易导致时域中的卷积受到边界效应的影响等。

9.3.2 基于在线多示例学习的目标跟踪算法

通常，判别式的跟踪方法需要在线训练分类器。在训练分类器时，正负样本选择的质量直接决定了分类器的质量。多数方法是利用当前帧的跟踪结果，即目标的位置和大小来选择一个正样本，在当前跟踪结果的周围采样一些区域作为负样本来训练分类器，如图 9-3（a）所示。当跟踪的结果不够准确时，所训练出的分类器就会不断地被不够精确的正样本更新，最终将使得分类器不能正确区分目标和背景。也有一些跟踪方法利用当前帧的跟踪结果产生多个正样本，即使用当前跟踪结果及当前结果附近的一些区域作为正样本，在远离当前跟踪结果的地方采样负样本来训练和更新分类器，如图 9-3（b）所示。此时，正样本中将包含不够精确的正样本，从而也会影响分类器的判别力。

基于在线多示例学习的目标跟踪方法[124]采用多示例学习的方法训练和更新分类器。在训练时，样本是以包（Bag）的形式来组织。每个包包含一个或多个样本。若一个包中包含至少一个正样本，则该包的标签为正；否则为负。使用这些包来训练分类器进行跟踪，如图 9-3（c）所示。

通常的分类器学习需要的数据为 $\{(x_1, y_1), \cdots, (x_n, y_n)\}$，其中 x_i 为样本，$y_i \in \{0,1\}$ 为 x_i 对应的标签。在多示例学习中，训练数据的形式为 $\{(X_1, y_1), \cdots, (X_n, y_n)\}$，其中 $X_i = \{x_{i1} \cdots, x_{im}\}$ 为包，y_i 为包的标签，定义为

$$y_i = \max_j (y_{ij}) \tag{9-16}$$

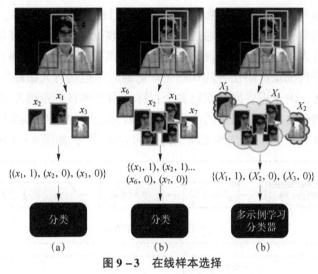

$\{(x_1, 1), (x_2, 0), (x_3, 0)\}$ $\{(x_1, 1), (x_2, 1)...$
$(x_6, 0), (x_7, 0)\}$ $\{(X_1, 1), (X_2, 0), (X_3, 0)\}$

分类   分类   多示例学习分类器

(a)   (b)   (b)

图 9 – 3　在线样本选择

[图片引自 Babenko 等（2009）]

其中 y_{ij} 为 x_{ij} 的标签。对于正包，y_{ij} 在训练时是未知的，即若一个包是正包，则只知道其中有一个正样本，具体哪个是正样本是未知的。这非常符合目标跟踪的场景，若在当前跟踪结果附近采样多个区域，则有很大概率其中的一个区域是精确的，尽管此时并不知道具体是哪个区域。通过最大化所有包的似然可以得到分类器：

$$\mathcal{L} = \sum_i (\lg p(y_i \mid X_i)). \tag{9-17}$$

似然是定义在包上的，而跟踪时需要的是一个定义在样本上的分类器，因此，需要将一个包为真或假的概率 $p(y_i \mid X_i)$ 表达为其中样本为真或假的概率 $p(y_i \mid x_{ij})$

$$p(y_i \mid X_i) = 1 - \prod_j (1 - p(y_i \mid x_{ij})) \tag{9-18}$$

可以看出，如果包中某一个样本 x_{ij} 为正的概率很大，那么 $p(y_i \mid X_i)$ 为真的概率也会很大，因此可以通过上式来得到针对样本的分类器。

基于在线多示例学习的目标跟踪方法的过程如下：

输入为第 t 帧图像，$t-1$ 帧中的目标位置为 ℓ_{t-1}^*（此处只考虑目标的位置，假设目标的大小不变）。

（1）在第 t 帧图像上采集一些图像区域组成包 $X^s = \{x : \|\ell(x) - l_{t-1}^*\| < s\}$，其中 s 为参数。

（2）使用多示例分类器对包中的所有 x 来计算 $p(y = 1 \mid x)$。

（3）获得 t 时刻目标的位置。

$$\ell_t^* = \ell(\arg\max_{x \in X^s} p(y \mid x))$$

（4）采集两组图像区域 $X^r = \{x : \|\ell(x) - \ell_t^*\| < r\}$ 和 $X^{r,\beta} = \{x : r < \|\ell(x) - \ell_t^*\| < \beta\}$。

（5）使用一个正包 X^r 和 $|X^{r,\beta}|$ 个负包更新多示例分类器，每个负包中包含一个 $X^{r,\beta}$ 中的一个图像区域，r, β 为参数。

9.4　多目标跟踪方法

多目标跟踪（Multiple Object Tracking，MOT）的主要任务是从输入的图像序列或者视频中估计场景中多个感兴趣目标的状态参数，包括每个目标的位置、尺寸、形状、运动速度和用于区分不同目标的唯一标识等，并通过这些状态参数重建多个目标在场景中的运动轨迹。多目标跟踪的结果可为进一步分析和理解视频内容提供可靠信息，是事件检测、行为识别、场景理解等许多计算机视觉高层任务的基础。常见的应用包括行人跟踪以及车辆跟踪等。与单目标跟踪任务相比，由于需要同时跟踪多个目标，因此多目标跟踪方法会有一些特有的挑战。例如，新目标的产生或者旧目标的消失、跟踪目标之间的相互遮挡等。多目标跟踪方法可以分为基于检测（关联）的方法和无模型约束的方法[108]，如图 9-4 所示。

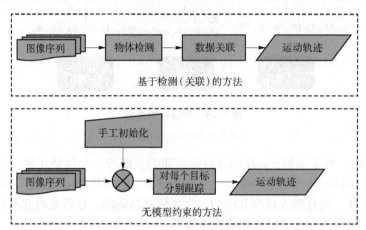

图 9-4　两类多目标跟踪方法

9.4.1　无模型约束的方法

无模型约束的方法针对任意类别的目标，目标在场景中的位置、大小等状态信息的估计无需额外的目标检测器作为辅助，而只需要在跟踪开始时对多个感兴趣目标进行人工初始化（如标注矩形框）。由于对所跟踪目标的类别不作约束，无模型约束的方法通常只能跟踪场景中固定数目的目标，不能处理新目标出现或者已跟踪目标消失的情况，因此可以认为其是单目标跟踪方法在一定程度上的扩展，即无模型约束的方法可被认为是同时运行固定数目的单目标跟踪器，以达到对多个目标进行跟踪的效果。

例如，采用扩展卡尔曼滤波器（Extended Kalman Filter，EKF）[109]，粒子滤波（Particle Filter）[110,111]和均值漂移（Mean Shift）[112]等单目标跟踪方法进行多目标跟踪，但是随着目标数量的增大，上述无模型约束方法的计算复杂度会随之线性增长，同时，目标之间的相互影响程度也会增加，若单独考虑每个目标进行跟踪，则会造成性能的下降。

为解决多个目标之间相互影响的问题，可以对多个目标之间的关系进行建模，以提高方法的整体性能。例如，Khan 等[113]采用多个粒子滤波器分别跟踪多个目标，同时，通过一个基于马尔科夫随机场的运动先验建模多个目标的相互关系和影响每个粒子滤波器的重采样过程处理多个目标之间的空间互斥问题。Yang 等[114]使用博弈论中的纳什均衡（Nash Equilibrium）理论处理多个目标之间的竞争关系，从而同时估计多个目标的状态。其中，每个目标采用均值漂移方法进行跟踪。Zhang 和 van der Maaten[115]将多个目标之间的空间位置关系建模为一种结构化约束，认为在跟踪过程中这种结构化约束能在一定程度上得到保持。例如，两个距离很远的目标短时间内不可能空间相邻。该方法在使用一种在线的结构化支持向量机

（Structured SVM）的同时，学习多个目标的表观模型，在估计多个目标的状态的同时能保持其空间位置之间的结构化约束，大大提高了多目标跟踪的精度。

无模型约束的多目标跟踪方法无需预先对跟踪目标进行建模，自由度较大，但是同时也面临一些问题。首先，此类方法不能处理目标的产生和消失，只能针对固定数量的目标进行跟踪，且初始化时需要人为干预，在许多实际应用中（如视频监控、辅助驾驶等）受到一定的限制；其次，此类方法在跟踪过程中需要自适应地为每个目标建立模型以处理环境因素变化、目标表观变化等问题。与单目标跟踪方法类似，在跟踪过程中自适应地建立目标模型实际上是一个自学习的过程，对跟踪结果的准确性不存在客观的衡量方法，因此面临严重的跟踪漂移问题。

9.4.2　基于检测（关联）的跟踪方法

基于检测（关联）的多目标跟踪方法通过一个预先训练好的目标检测器在视频的每一帧图像中定位感兴趣目标，获得稀疏的目标检测结果（通常表示为一系列的矩形区域），其中包含目标的位置、尺寸和形状信息，然后目标的运动轨迹则通过将属于同一目标的检测结果按照时间顺序相连接而形成。此时，多目标跟踪问题即转化为一个典型的数据关联问题。

由于需要目标检测器的辅助，因此基于检测的多目标跟踪方法具有如下特点。首先，此类方法无需手工标注作为跟踪的初始化，并且能自然地处理可变个数的目标，对目标的产生和消失都有相应的处理策略；其次，此类方法通常不关注目标检测的方法和过程，一般采用预先训练好的目标检测器作为辅助。得益于近年来目标检测研究的迅速发展，此类方法跟踪的目标通常限定于特定的类别，如人脸、行人以及车辆等；最后，基于检测的多目标跟踪方法的性能很大程度上依赖于目标检测器的检测性能，特别是复杂场景中存在大量噪声干扰，这在一定程度上加大了数据关联难度，为基于检测的方法带来了极大的挑战。

总的来说，基于检测的多目标跟踪方法由于能自动检测场景中新出现的目标并处理目标消失的情况，适用于无约束的场景，具有很强的灵活性。基于检测的方法相比无模型约束的方法表现出更加优异的性能，近年来受到多目标跟踪领域研究者的广泛关注，逐渐成为多目标跟踪的主流方法。

根据数据关联的方式，基于检测的多目标跟踪方法可以分为在线的方法和离线两种。

1. 在线方法

在线的多目标跟踪方法顺序地处理视频帧，数据关联发生在当前帧的检测结果与已有的目标轨迹之间。在线的方法仅利用了历史信息和当前帧的信息，通常具有较高的计算效率，能够实时地输出跟踪结果，即能够在处理每一帧图像的同时输出该帧图像上的跟踪结果，因此，在线方法对于视频监控、辅助驾驶、机器人导航等实时系统具有极其重要的研究价值。

在线多目标跟踪方法的难点在于如何将当前帧的检测结果（可能存在较多噪声，如误检、漏检等）与已有的目标轨迹相关联。传统的解决方法通常采用基于贝叶斯估计的概率框架，维持检测结果与已有轨迹之间的数据关联的多种假设，并估计其关联概率。例如，经典的方法有联合概率数据关联滤波器（Joint Probabilistic Data Association Filters，JPDAF）[116]和多假设跟踪（Multi–Hypothesis Tracking，MHT）[117]以及动态马尔科夫网络（Dynamic Markov Network，DMN）[118]等。这些方法需要考虑多种数据关联的可能性，计算复杂度随着目标个数和检测结果个数的增多而明显增大，在处理复杂场景时存在一定的问题。

相比于经典的概率框架，匈牙利算法（the Hungarian Algorithm）[119]能够在关于目标个数的多项式时间内快速地寻找当前帧的检测结果与已有目标轨迹之间的最优关联，被许多在线的多目标跟踪方法所采用。

数据关联如图9-5所示，设当前帧之前的两个跟踪轨迹为轨迹1和轨迹2，当前帧的目标检测结果为o_1，o_2，…，o_5，多目标跟踪问题就变为如何将检测结果与轨迹进行关联的问题。如果把每个轨迹看作一个目标，采用单目标跟踪的方法，那么可能会出现将o_4同时关联到轨迹1和轨迹2上的情况。

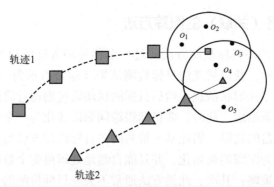

图9-5　数据关联

因此，需要同时考虑多个目标的跟踪。设在$t-1$帧时有M个目标（轨迹），在t帧时有N个检测结果，则可以建立一个$M \times N$的相似度表。如图9-6（a）所示，此处假设$M = N = 5$。表中每一项T_{ij}表示第i个目标与第j个检测结果之间的相似度。多目标跟踪问题可以转化成为每一个目标i寻找一个对应的检测结果j与之关联，使总的相似度得分最大。

如果采用贪心算法，即对$i = 1$，…，5，选择匹配表中第i行里面具有最大匹配度的元素，且要求其所在列中的所有元素还没有被选择。如图9-6（b）所示，总的相似度得分为3.77。而采用匈牙利算法可以找到总的相似度得分为4.14的最优的关联结果，如图9-6（c）所示。关于匈牙利算法的具体细节，可以参考文献［119］。

0.95	0.76	0.62	0.41	0.06
0.23	0.46	0.79	0.94	0.35
0.61	0.02	0.92	0.92	0.81
0.49	0.82	0.74	0.41	0.01
0.89	0.44	0.18	0.89	0.14

(a)

⌜0.95⌝	0.76	0.62	0.41	0.06
0.23	0.46	0.79	⌜0.94⌝	0.35
0.61	0.02	⌜0.92⌝	0.92	0.81
0.49	⌜0.82⌝	0.74	0.41	0.01
0.89	0.44	0.18	0.89	⌜0.14⌝

(b)

0.95	⌜0.76⌝	0.62	0.41	0.06
0.23	0.46	0.79	⌜0.94⌝	0.35
0.61	0.02	0.92	0.92	⌜0.81⌝
0.49	0.82	⌜0.74⌝	0.41	0.01
⌜0.89⌝	0.44	0.18	0.89	0.14

(c)

图9-6　相似度表

2. 离线方法

离线的多目标跟踪方法一次性处理整个视频，并假设视频中每一帧图像上的目标检测结果已知，通过求解全部检测结果之间的全局最优的数据关联估计目标的运动轨迹。从每一时刻上看，目标轨迹的估计同时用到了历史信息和未来信息，因此，此类方法也称为全局优化方法（Global Optimization Methods）或者批处理方法（Batch Methods）。

离线的多目标跟踪方法寻找的是整个视频里的目标轨迹的全局最优解，因此对检测噪声（漏检、误检）和长时间的遮挡具有很好的鲁棒性，整体性能通常要优于在线的多目标跟踪方法。与此同时，离线的方法也有一定的局限性。首先，求解全局最优的数据关联通常需要复杂的迭代过程，容易造成较高的时间复杂度；其次，一次性获得整个视频数据的假设导致离线方法不能应用于在线获取的数据，如摄像机获取的视频流，通常需要分批次处理此类数据。这将造成跟踪结果在一定程度上的延迟，使离线的方法很难应用于实时系统。

给定一个视频，其中包含的目标轨迹的状态空间极其庞大，而且目标的个数未知，在可控的时间复杂度内找到全局最优解很大程度上依赖于优化的目标函数的选择。根据所建立的优化的目标函数不同，可以分为以下几种方法：

（1）基于层级关联的方法。

对视频中所包含的目标轨迹进行优化的一种比较直观的思路是，先将时间相邻的目标检测结果连接成长度较短的轨迹片段（tracklets），然后对这些轨迹片段分层次地进行进一步的数据关联。基于层级关联的多目标跟踪方法具有较好的可扩展性，适用于各种长度的视频数据，并且在一定条件下能取得较好的多目标跟踪性能，然而这种分阶段的求解方法是一个倾向于效率的折中，其性能依赖于初始轨迹片段的生成，并不能保证全局最优。

（2）基于动态规划的方法。

对一个单独的跟踪目标而言，给定全部视频帧中的目标检测结果求解其最优轨迹可以看成一个最短路径问题，进而使用动态规划的方法求解，而多目标跟踪问题，由于存在多个目标之间的相互影响，因此使用动态规划方法要解决的难题是同时优化多个目标轨迹的问题。基于动态规划的多目标跟踪方法的优势是计算效率较高，虽然不能保证全局最优解，但是实验证明在大部分情况下，动态规划给出的解是全局最优的。此类方法的缺点是不能很好地处理目标比较密集的情况。

（3）基于网络流的方法。

Zhang 等[120]使用有向图模型重新建模了多目标跟踪问题，将多目标跟踪中的全局数据关联问题转化为一个最小代价网络流问题（Min – cost Network Flow），并使用网络流中的经典优化方法（Push – Relabel 算法）求得问题的全局最优解，与直接求解线性规划问题相比，跟踪效果得到了显著提高。后续研究工作表明，使用最小代价网络流建模多目标跟踪实际上对应的是一种具有特殊结构的整数线性规划问题，在松弛为标准线性规划之后，其全局最优解肯定也是整数解，亦即是合理的全局最优目标轨迹。这使对应多目标跟踪的最小代价网络流问题能够直接使用已有的各种线性规划的高效算法进行求解，大大提高了优化效率。

9.5　数据集及评价方法

9.5.1　目标跟踪数据集

目标跟踪数据集（Object Tracking Benchmark，OTB）数据集包括两个版本：OTB50[103]和 OTB100[104]。其中 50 和 100 分别表示数据集中包含 50 个和 100 个待跟踪的目标，并非所包含的视频的数目（少数视频中包含了多个待跟踪的目标）。

OTB50 数据集如图 9 – 7 所示。

图 9 - 7　OTB50 数据集

OTB 数据集中的每个视频标注有不同的属性，这些属性可以代表目标跟踪领域中的常见难点，包括光照变化（Illumination Variation，IV）、尺度变化（Scale Variation，SV）、遮挡（Occlusion，OCC）、变形（Deformation，DEF）、运动模糊（Motion Blur，MB）、快速移动（Fast Motion，FM）、平面内旋转（In - Plane Rotation，IPR）、平面外旋转（Out - of - Plane Rotation，OPR）、离开视野（Out - of - View，OV）、相似背景（Background Clutters，BC）以及低分辨率（Low Resolution，LR）。

OTB 上的评价指标包括以下几方面：

（1）精确度曲线（Precision Plot）。定义为跟踪算法估计的预测目标位置的中心点与真实值目标位置的中心之间的误差小于一定阈值的百分比。显然，这个评价是与阈值密切相关的，因此，通过调整阈值可以获得一个精确度随阈值变化的曲线。假设一个视频包含 100 帧（不包括初始帧），跟踪算法预测的目标位置的中心点与真实值目标位置的中心之间距离小于 5 像素的有 30 帧，其余 70 帧则二者之间的距离均大于 5 个像素，当阈值为 5 像素时，该方法的跟踪精度为 0.3。

（2）成功率曲线（Success Rate）。首先，定义重合率，跟踪算法估计的预测目标区域为 a，真实值目标区域为 b，重合率定义为：$r = |a \cap b| / |a \cup b|$。$a \cap b$ 为重叠区域中像素的个数，$a \cup b$ 为两个区域的并集所包含的像素个数。当 r 大于某阈值时，则为成功。成功的帧占所有帧的百分比即为成功率。阈值的取值范围为 0 ~ 1，随着阈值变化，也可以绘制一条曲线。

（3）鲁棒性评估。通常，进行跟踪评价时，选择第一帧中的物体的标注信息的真值对跟踪算法进行初始化，然后计算跟踪算法的准确率和成功率。这个过程称为一次性评估（One - Pass Evaluation，OPE），但是跟踪时目标的初始位置和大小往往对跟踪算法有着很大的影响，同时，跟踪的起始帧也会影响跟踪算法的性能，因此，通过改变时间（起始帧）和空间（起始位置和大小）上的初始值来对跟踪算法进行评价，可以得到跟踪算法的鲁棒性。

时间鲁棒性评估（Temporal Robustness Evaluation，TRE）：在一个视频中，每个跟踪算法以不同的帧作为起始帧进行追踪。例如，分别从第 1 帧、第 10 帧以及第 20 帧处开始跟踪，初始化跟踪时使用的矩形框为对应帧标注的真值，然后对跟踪结果取均值，得到 TRE 分数。

空间鲁棒性评估（Spatial Robustness Evaluation，SRE）：通过将标注的真值进行轻微的平移和尺度的改变来产生矩形框。平移的大小为目标物体大小的 10%，尺度变化范围为真值的 80%～120%，每次变化 10%，然后对跟踪结果取均值，得到 SRE 分数。图 9 – 8 所示为 OPE、SRE 和 TRE 下的精确度曲线和成功率曲线。

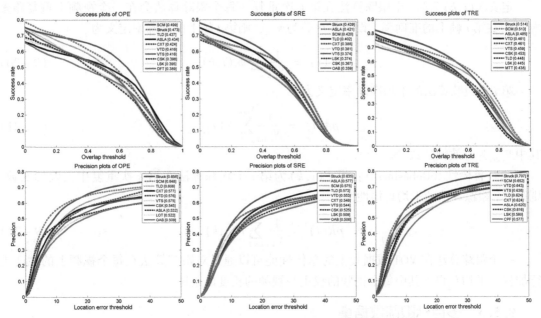

图 9 – 8 OPE、SRE 和 TRE 下的精确度曲线和成功率曲线

9.5.2 VOT 数据集

VOT（Visual Object Tracking）是一个针对单目标跟踪的测试平台。从 2013 年开始，VOT 数据集每年都有更新。VOT 有自己的评价指标，并且在发展过程中指标也在不断完善。

VOT 并不是一个很大的且包含很多视频的数据集。这是由于 VOT 的数据集的建立者[105]认为，数据集中的视频过多会大大延长测试时间，同时，具有相似属性的视频对于测试跟踪算法并没有实质的作用，一个可靠的数据集应该测试出跟踪算法在不同条件下的表现。例如，部分遮挡、光照变化等。VOT 中的视频是从各个跟踪数据集中获得，并根据视频的视觉属性进行聚类，然后从所聚的类别中手工选取少量的视频来测试跟踪算法。VOT 数据集中的每个视频除标记待跟踪物体之外，还标注出了视频中每一帧所对应的视觉属性。

与 OBT 不同，VOT 中引入了重启（reset/reinitialize）机制。其目的是充分利用测试视频中的数据。这是因为如果一个跟踪算法在开始跟踪后，由于某种原因导致其在开始的某些帧就跟丢了目标，因此最终评价该算法时只利用了该视频中的很小一部分，没有充分利用该视频中的数据。VOT 提出，评价系统应该在跟踪算法跟丢的时候检测到错误，并在错误发生的 5 帧后对跟踪算法重新初始化（reinitialize），这样可以充分利用数据集中的数据。

VOT 中的两个重要评价指标为准确率和鲁棒性。

（1）准确率（Accuracy）：设在 t 时刻，跟踪算法预测的目标区域为 A_t^T，真值为 A_t^G，则 t 时刻的准确率为

$$\phi_t = \frac{A_t^G \cap A_t^T}{A_t^G \cup A_t^T} \tag{9-19}$$

定义 $\phi_t(i,k)$ 为第 i 个跟踪算法在第 k 次重复（每个跟踪算法会在一个视频上重复跑多次）中在第 t 帧上的准确率。设重复次数为 N_{rep}，则第 t 帧上的准确率定义为

$$\phi_t(i) = \frac{1}{N_{rep}} \sum_{i=1}^{N_{rep}} \phi_t(i,k) \tag{9-20}$$

第 i 个跟踪算法的平均准确率定义为

$$\rho A(i) = \frac{1}{N_{valid}} \sum_{j=1}^{N_{valid}} \phi_j(i) \tag{9-21}$$

其中 N_{valid} 为有效帧的数量。

（2）鲁棒性（Robustness）：设 $F(i,k)$ 为第 i 个跟踪算法在第 k 次重复中失败的次数，则第 i 个跟踪算法的平均鲁棒性为

$$\rho R(i) = \frac{1}{N_{rep}} \sum_{k=1}^{N_{rep}} F(i,k) \tag{9-22}$$

一个跟踪算法在 VOT 数据集上的总体性能可以通过对跟踪算法在每个视频上的性能进行加权求平均获得，其中每个视频的权重与视频的长度成正比。

9.5.3 多目标跟踪数据集

多目标跟踪数据集（Multiple Object Tracking Benchmark）[106] 是一个针对多目标跟踪的测试平台，从 2015 年开始，几乎每年都会举行多目标跟踪的比赛。下面以 MOT16 数据集为例进行说明。

MOT16 数据集共有 14 个视频序列，其中 7 个为带有标注信息的训练集，另外 7 个则为测试集，如图 9-9 所示。MOT16 数据集主要标注的目标为移动的行人与车辆，数据集包括了不同的拍摄视角和相机运动，也包含了不同的天气状况，是由专业研究人员严格遵从相应的标注准则进行标注的。最后，通过双重检测的方法来保证标注信息的高精确度的。

（a）

（b）

图 9-9 MOT16 数据示例[106]

（a）训练视频；（b）测试视频

MOT16 的评价指标包括准确度、精确度以及完整性等。

（1）准确度（Multiple Object Tracking Accuracy，MOTA）：MOTA[107] 是被广泛用来评价多目标跟踪算法效果的指标，可通过下式计算得到：

$$\text{MOTA} = 1 - \frac{\sum_t (\text{FN}_t + \text{FP}_t + \text{IDSW}_t)}{\sum_t \text{GT}_t} \tag{9-23}$$

式中，t 为视频帧的索引；GT 为物体真值的数目；FN 表示没有被预测到的物体的数目；FP 表示跟踪算法预测错误的数目；IDSW 表示 ID 转换的数目，ID 转换是指物体真值 i 在 t 时刻被匹配到轨迹 j 上，而在 $t-1$ 时刻被匹配到轨迹 $k \neq j$ 上。

（2）精确度（Multiple Object Tracking Precision，MOTP）：MOTP 的计算方法为

$$\text{MOTP} = \frac{\sum_{t,i} d_{t,i}}{\sum_t c_t} \tag{9-24}$$

式中，c_t 表示 t 帧中预测正确的数目；$d_{t,i}$ 表示物体真值 i 与跟踪算法预测的边界框的重合度，即两个边界框的交并比。

（3）完整性：用于表示轨迹真值被跟踪的完整程度。包括 Mostly Tracked（MT）、Partially Tracked（PT）和 Mostly Lost（ML）。一个目标如果其 80% 以上的轨迹都被跟踪算法成功跟踪，则认为其为 MT；如果被跟踪算法成功跟踪的轨迹比例小于 20%，则认为其是 ML；其他情况则认为其是 PT。

思考题

1. 在目标跟踪中经常会发生漂移（Drift）现象，即跟踪框逐渐偏离目标。请分析漂移现象发生的原因以及解决方法。

2. 使用颜色直方图表示目标，实现基于粒子滤波的目标跟踪算法并在 OTB50 数据集上对所实现的跟踪算法进行评价。

3. 在实际场景中进行目标跟踪时，可以利用先验知识来辅助进行目标跟踪。请思考，在智能交通中，假设相机固定拍摄某些车道，那么可以利用哪些先验知识辅助进行目标跟踪。

4. 请思考，篮球比赛中球员的跟踪与一般场景下的目标跟踪相比，具有哪些特定的困难，应该如何解决。

5. 目标跟踪除了书中所讲到的单目标跟踪和多目标跟踪，还包括多视角下的多目标跟踪，即同时通过多个相机获得在不同视角下同一场景的视频，并对多个视频中的目标进行跟踪。请思考，多视角下的多目标跟踪与单视角下的多目标跟踪相比，多了哪些信息，应该如何加以利用。

第 10 章
图 像 分 类

图像分类，即给出一幅图像得到其对应的类别。这里的类别可以是场景、材质或者任何感兴趣的类别。图像分类具有很多的应用，包括场景分类、材质分类和纹理分类等。

场景分类[131]是图像分类的一个典型应用。场景对于理解图像具有重要的意义，可以为图像理解提供重要的上下文信息。例如，在一个卧室里，检测出枕头或者床都是合理的，而检测出烤箱、冰箱等物体的概率相对就小得多。需要注意的是，给定场景并不能保证相关物体一定存在，只是相关物体存在的概率较大。场景还跟一些行为有着密切的关联，例如，在餐厅里吃饭行为发生的概率最大，而图书馆中读书行为发生的概率最大，因此场景信息也可以用来辅助进行行为的识别。

材质分类也是图像分类的应用之一。设想给定一个图像窗口，如果可以识别出窗口中包含了什么材质（布料、玻璃、羽毛等），那么就可以推断出该图像窗口是否是衣服、家具等物体，进而推断出可能是人的一部分等。材质分类一般可以通过纹理进行，但不同的材质有时却具有相似的纹理，给材质分类带来了很大的困难。

人脸识别和基于图像的行为识别等也都可以看作是图像分类任务。例如，对于人脸识别，将每个人的身份视为一个类别，给出一张人脸图像，识别出其身份，即相当于给出图像对应的类别，因此人脸识别、行为识别等都可以看作是图像分类的范畴。此外，图像分类还可以用来过滤图像，如将图像分类为色情图像、暴力图像等类别，通过图像分类来过滤色情或者暴力血腥的图像。

图像分类的过程一般是首先对给定的图像提取某种特征。例如，梯度直方图特征、词袋特征等，然后选择并训练某种分类器，采用分类器对所提取的特征进行分类。第 4 章介绍了常用的局部特征，本章将介绍图像分类中常用的全局特征以及图像分类中常用的分类器。

10.1 全局图像特征

图像特征有很多种，包括颜色特征、形状特征以及纹理特征等。至于什么是好的特征，则要视具体任务而定，能够较好地解决问题的特征就是好的特征。如图 10−1 所示，若要将左侧图中的两类物体分开，则灰度就是很好的特征；而若要将右侧图中的两类物体分开，则形状就是好的特征。

对于图像特征，一般是使用一个特征向量来表示。特征向量的维度根据特征的不同可以从一维到成千上万维。例如，使用图像所有像素的灰度值的均值作为图像特征，就是一个一维的特征向量。将图像所有像素的灰度值连接为一个特征向量表示图像，则特征向量的维度为图像中所包含的像素的个数。

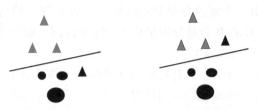

图 10 – 1　不同的分类任务可以使用不同的特征

对于图像分类来说，准确的灰度或颜色值并不重要，准确的特征位置也不重要，而图像中的边缘和纹理相对重要。这是由于具体的灰度或颜色值以及特征位置容易受到光照、视角等因素的影响而发生变化，而边缘和纹理等信息与灰度和颜色相比，受光照以及视角等因素的影响较小而造成的。

10.1.1　颜色直方图

颜色直方图是常用的图像特征之一，在图像检索、图像识别等领域有着广泛的应用。颜色直方图描述的是不同颜色在整幅图像中所占的比例，而并不关心每种颜色所处的空间位置。颜色直方图可以基于不同的颜色空间来获得。灰度图像的颜色直方图也称为灰度直方图，如图 10 – 2 所示。

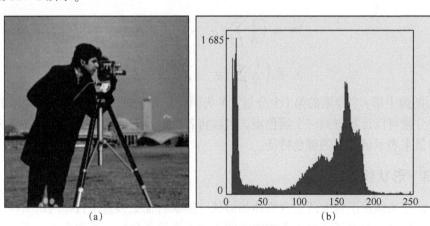

图 10 – 2　颜色直方图
（a）灰度图像；（b）灰度图像的灰度直方图

计算颜色直方图需要将颜色空间划分成若干个小的颜色区间，这个过程称为颜色量化（对于灰度直方图也需要进行量化，不过一般都是将一个灰度值作为一个区间，灰度共有 256 级，所以对应的灰度直方图包含 256 个区间），然后，计算颜色落在每个小区间内的像素的数量可以得到颜色直方图。颜色量化有许多方法，常用的做法是将颜色空间的各个分量（维度）均匀地进行划分。例如，在 RGB 颜色空间中，将 R、G 和 B 分量分别量化为 256 个区间，则可以得到一个 $256 \times 256 \times 256$ 维的彩色直方图。这样的划分使得直方图的维度过高，会导致直方图中很多的区间是没有值的。例如，一幅分辨率为 $1\,000 \times 1\,000$ 的图像只包含 100 万个像素，而将每个颜色分量划分为 256 份得到的直方图包含超过 1 600 万个区间，因此可以把每个颜色分量划分为较少的份数。例如，每个分量分为 4 份，则可以得到一个 64 维的直方图，也可以对三个颜色分量分别计算一个直方图，然后连接起来作为最后的彩色直方图。例如，将 R、G 和 B 分量分别量化为 256 个区间，将每个颜色分量的直方图进行连接得到的直方图的维度为 256×3。

颜色直方图是图像的统计信息，其优点是计算简单，并且对于旋转、平移等操作具有不变性。其缺点是没有考虑各种颜色的空间位置。例如，两幅完全不同的图像可以具有相同的直方图，导致颜色直方图的判别力较差。针对这个问题，可以将图像分为多个小块，计算每个小块的直方图然后连接在一起，就等于同时考虑了颜色的统计信息以及空间分布。

10.1.2 颜色矩

另一种简单而有效的颜色特征是由 Stricker 和 Orengo 提出的颜色矩（Color Moments）[55]。颜色矩的数学基础在于图像中任何的颜色分布都可以使用其矩来表示。由于颜色分布信息主要集中在低阶矩中，因此一般只使用颜色的一阶矩（均值 Mean）、二阶矩（方差 Variance）和三阶矩（斜度 Skewness）来表达图像的颜色分布。与颜色直方图相比，颜色矩的另一个好处在于不需要对颜色空间进行向量化，所得到的特征向量的维数较低。

颜色的一阶矩、二阶矩和三阶矩的计算公式为

$$\mu_i = \frac{1}{N}\sum_{j=1}^{N} p_{i,j}$$

$$\sigma_i = \left(\frac{1}{N}\sum_{j=1}^{N} (p_{i,j} - \mu_i)^2\right)^{\frac{1}{2}}$$

$$s_i = \left(\frac{1}{N}\sum_{j=1}^{N} (p_{i,j} - \mu_i)^3\right)^{\frac{1}{3}} \tag{10-1}$$

式中，$p_{i,j}$ 为图像中第 j 个像素的第 i 个分量；N 为图像中像素的个数。对于一幅 RGB 彩色图像，其每个分量可以计算得到三个颜色矩，可以将各个分量对应的颜色矩特征连接为一个九维的特征向量来表示该图像的颜色特征。

10.1.3 形状特征

形状特征用来描述图像中所包含物体的形状。形状特征更接近于目标的语义特征，包含了一定的语义信息，忽略了图像中不相关的背景或不重要的目标。通常来讲，形状特征有以下两种表示方法：

（1）轮廓特征，即目标的外边界。通过检测边缘，提取物体的轮廓，然后计算轮廓所具有的特征。常用的轮廓特征包括链码、多边形近似、傅里叶描述子、偏心率以及边界长度等。

（2）区域特征，即针对整个物体区域提取特征，是对物体区域中的所有像素集合的描述。常用的区域特征包括区域面积、几何不变矩、正交矩以及角半径变换等。

形状特征的表达是以对图像中的目标或区域的分割为基础的，而图像分割本身就是一个非常困难的问题。此外，用于表示图像中物体的形状特征必须满足对变换、旋转和缩放的不变性，这也给形状相似性的计算带来了一定难度。

10.1.4　GIST 特征

图像中内容的布局对于图像分类来说非常重要，人类可以基于图像内容的整体布局快速地对图像的类别进行判断。例如，图像两侧有较大的平坦区域，包括很多垂直的边缘以及少量的天空，则对应的场景很可能是城市峡谷（Urban Canyon）；如果图像中有很大部分为天空，则对应的场景很可能是室外场景。

GIST 特征就是用来表示图像中内容布局的特征。GIST 最早在 1979 年被提出[133]，后于 2001 年被 Oliva 等借用来代指空间包络特征[126]，随后于 2003 年被 Torralba 等用来表示基于局部特征计算的全局特征[132]。

空间包络特征是 GIST 特征的子集，是基于谱特征计算的全局特征，[126] 定义了五种对于空间包络的描述方法：

（1）自然度（Degree of Naturalness）：场景如果包含很多的水平和垂直的直线，则表明该场景具有明显的人工痕迹，自然度较低；而自然景象通常具有纹理区域和起伏的轮廓，自然度较高。

（2）开放度（Degree of Openness）：空间包络是否是封闭（或围绕）的。森林、山、城市中心等场景的开放度较低，而海岸、高速公路等场景的开放度则较高。

（3）粗糙度（Degree of Roughness）：主要是指主要构成成分的颗粒大小。这取决于每个空间中元素的尺寸以及元素之间的结构关系等。

（4）膨胀度（Degree of Expansion）：即平行线是否收敛，给出了空间梯度的深度特点。例如，平面视图中的建筑物，具有低膨胀度，而非常长的街道则具有高膨胀度。

（5）险峻度（Degree of Ruggedness）：表示了相对于水平线的偏移。例如，平坦的水平地面上的山地景观与陡峭的地面对应的险峻度较高。险峻的环境在图像中产生倾斜的轮廓，并隐藏了地平线，而大多数的人造环境建立了平坦地面，因此险峻的环境大多是自然的。

可以基于这五种衡量指标对图像进行描述。

基于局部特征计算的全局特征[132]的计算过程为：对输入图像使用 32 个 Gabor 滤波器在 4 个尺度、8 个方向上进行滤波，得到 32 个响应图。将每个响应图分为 $4 \times 4 = 16$ 个区域，得到每个区域中响应的均值。将所有 32 个响应图的 16 个均值连接起来，得到 512 维的特征向量，作为图像的 GIST 特征。从直观上来看，GIST 特征描述了不同方向和尺度的梯度在图像各个部分的分布情况。例如，对于人造的场景，图像中会有很多垂直的边缘，那么 GIST 特征中对应检测垂直边缘的滤波器那部分响应就会比较大。

10.1.5　主成分分析

图像的特征通常具有较高的维度，当特征的维度过高时，计算量和存储量会增加，对应分类器的训练变得困难。主成分分析（Principal Component Analysis，PCA）是一种降维方法，通过把特征投影到方差较大的维度上来降低特征的维度，即将 n 维特征映射到 k 维上（$k < n$）。需要注意的是，k 维是全新的正交特征，是重新构造出来的 k 维特征，而不是简单地从 n 维特征中去除其余 $n - k$ 维特征。

信号处理中认为信号具有较大的方差，噪声具有较小的方差，信噪比就是信号与噪声的方差比，这个比值越大越好，因此可以认为，最好的 k 维特征是将 n 维样本点转换为 k 维后，在每一维上的样本方差都很大。

二维平面中的主成分分析如图 10 – 3 所示，给定图中所示的二维样本点，可以将其投影在不同的一维空间（直线）中，显然，将其投影到图中虚线表示的方向上，样本的方差最大；而若投影到图中实线表示的方向上，样本的方差则会最小。

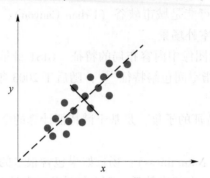

图 10 – 3　二维平面中的主成分分析

特征脸（EigenFace）[21] 是使用主成分分析进行人脸识别的方法。特征脸可以通过在人脸图像数据集上进行主成分分析获得。任意一张人脸图像都可以表示为特征脸的线性组合，即

$$F = F_m + \sum_{i=1}^{n} \alpha_i F_i \qquad (10-2)$$

式中，F 为人脸图像；F_m 为平均脸；F_i 为特征脸；α_i 为权重。一般来说，特征脸的数目并不需要很多。通过主成分分析，人脸可以通过保存特征脸以及各个特征脸对应的权重来进行保存，可以节省存储空间，起到压缩的作用。

特征脸的计算过程如下：

（1）准备人脸图像训练集。构成训练集的图像需要具有相同的分辨率并进行对齐。对于每一幅人脸图像，把图像所有像素的灰度值组成一个向量，作为人脸图像的向量表示。例如，对于一幅 100×100 的图像，可以将其包含的 1 万个像素的灰度值组成一个 1 万维的向量作为图像的向量表示。

（2）计算训练集中人脸图像的均值向量并将训练集中的所有的人脸向量减去均值向量。

（3）计算减去均值向量后的人脸向量的协方差矩阵以及计算协方差矩阵的特征值和特征向量。每一个特征向量的维数与原始图像对应的人脸向量一致，因此可以被视为一个图像，称为特征脸。特征脸代表了人脸图像与均值图像差别的不同方向。

（4）选择主成分。一个 $n \times n$ 的协方差矩阵会产生 n 个特征向量，保留具有较大特征值的特征向量，一般选择最大的前 k 个，或者按照特征值的比例进行保存。例如，保留 k 个特征向量，使这 k 个特征向量对应的 k 个特征值之和为协方差矩阵的 n 个特征值之和的 90%。

得到特征脸后，可以使用这些特征脸来表示人脸图像。可以将一个新的人脸图像（先要减去均值图像）投影到特征脸上。若将图像投影到特征向量的子集上，则可能会丢失信息；但是若通过投影到较大特征值对应的特征向量上，则可以尽可能地减少信息损失。

Eigenface 与重建结果如图 10 – 4 所示。图 10 – 4（a）为原始人脸图像，图 10 – 4（b）

显示了得到的前 8 个特征脸（特征脸是与图像的向量表示具有相同维度的向量，将其以图像的方式进行显示就是特征脸），图 10 - 4（c）显示了使用 8 个特征脸对人脸进行重建的结果，图 10 - 4（d）为使用 JPEG 方式表示的人脸图像。可以看出，使用 8 个特征脸重建出的人脸图像与使用 JPEG 方式表示的人脸图像相比，更加接近原始图像。

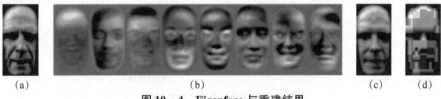

（a） （b） （c） （d）

图 10 - 4　Eigenface 与重建结果

［图片引自 Moghaddam 等（1997）］

（a）原始人脸图像；（b）前 8 个最大的特征值对应的特征脸；

（c）使用 8 个特征向量重建的人脸图像；（d）使用 JPEG 方式表示的人脸图像

主成分分析是找到方差最大的子空间，但是方差最大的方向对于分类未必是最好的方向，如图 10 - 5 所示，水平表示光照维度下的变化，垂直表示身份的变化，即把光照和身份视为两个维度（方向），光照维度的方差大，但是对于识别来说身份维度更加重要，因此主成分分析更适合用于重建，在某些情况下并不太适合用于分类。

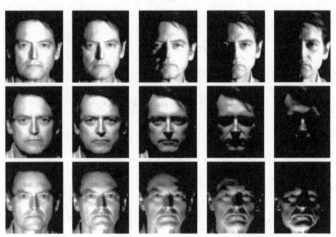

图 10 - 5　光照维度上的变化大于身份维度上的变化

［图片引自 Belhumeur 等（1997）］

10. 1. 6　线形判别分析

线形判别分析（Linear Discriminant Analysis，LDA）也是将高维的特征投影到一个低维的子空间，使在这个低维子空间中的类内差异较小而类间差异较大。图 10 - 6 所示为 LDA 和 PCA 的对比。可以看出，PCA 将数据投影到方差最大的维度上，但是该维度并不适合进行分类。LDA 将数据投影到方差较小的维度，但是在该维度上，可以很好地将两类分开。LDA 是一种监督学习的降维技术，即它的每个样本是有类别输出的，而之前介绍的 PCA 并不考虑样本的类别，是无监督的降维技术。当然，并不是说在 LDA 投影的维度上方差一定小，PCA 获得的维度一定不适合分类，只能说相对而言，LDA 降维比 PCA 降维更适合分类任务。

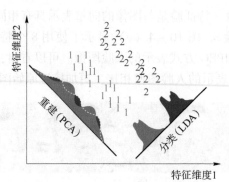

图 10-6 LDA 与 PCA 的对比

LDA 的优化目标为最大类间方差和最小类内方差。LDA 方法需分别计算类内的分散程度 S_w 和类间的分散程度 S_b，而且希望 S_b/S_w 越大越好，从而找到合适的映射向量。

LDA 的计算过程为：

（1）准备图像训练集。设数据集中包括 N 个样本 $\{x_1, \cdots, x_N\}$，共 C 个类别 $\{\chi_1, \cdots, \chi_C\}$。

（2）计算训练集每个类别中样本的均值：

$$\boldsymbol{\mu}_i = \frac{1}{N_i} \sum_{x_k \in \chi_i} \boldsymbol{x}_k \tag{10-3}$$

以及所有样本的均值：

$$\boldsymbol{\mu} = \frac{1}{N} \sum_{k=1}^{N} \boldsymbol{x}_k \tag{10-4}$$

（3）分别计算类别 i 的分散程度：

$$S_i = \sum_{x_k \in \chi_i} (\boldsymbol{x}_k - \boldsymbol{\mu}_i)(\boldsymbol{x}_k - \boldsymbol{\mu}_i)^{\mathrm{T}} \tag{10-5}$$

以及总的类内分散程度：

$$S_w = \sum_{i=1}^{c} S_i \tag{10-6}$$

（4）计算类间分散程度：

$$S_B = \sum_{i=1}^{c} |\chi_i| (\boldsymbol{\mu}_i - \boldsymbol{\mu})(\boldsymbol{\mu}_i - \boldsymbol{\mu})^{\mathrm{T}} \tag{10-7}$$

LDA 的目标就是找到一种映射，使 S_b/S_w 的比值最大。

从直观上来说，映射后如果同一类样本之间的距离较近，则类内分散程度 S_w 较小；映射后如果不同类样本之间的距离较远，则类间分散程度 S_b 较大，因此最大化 S_b/S_w，可以使映射后的样本类内差异较小而类间差异较大。

10.2 分类器

获得了图像的特征之后，可以采用分类器对图像进行分类。此处以两分类为例进行说明。设分类器的输入为特征 x，输出为特征 x 对应的类别，即 0 或者 1。分类器包括无参数的分类器（如最近邻分类器）、基于概率的分类器（如基于直方图的分类器）、Naïve 贝叶斯分类器等以及基于分类边界的分类器（如各种线性分类器以及支持向量机）等。

10.2.1　最近邻分类器

最近邻分类器是一种典型的无参分类器。给定训练样本x_i以及每个样本的标签y_i，分类策略为给定一个待分类的样本x_{new}，在训练样本中寻找与其距离最近的样本x_{min}，将x_{min}的标签作为x_{new}的标签。

最近邻分类器如图 10 − 7 所示，包括了两类训练样本。给定一个待分类样本x_{new}后，计算x_{new}与所有训练样本之间的距离，将距离最近的样本x_{min}的标签作为x_{new}的分类结果。

上述分类方法很容易受到噪声及外点的影响，因此后来又出现了k近邻分类器，主要思想为对于给定的待分类样本，寻找与其最近的k个样本，将这k个样本进行投票，得票较多的类别作为待分类样本的标签。如图 10 − 7 所示，当$k=3$时，新样本的分类结果为类别 2，而当$k=5$时，新样本的分类结果为类别 1。

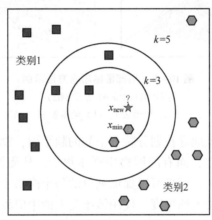

图 10 − 7　最近邻分类器

最近邻分类器的一个关键问题是如果快速找到最近邻。一个有效的方法是将待搜索的特征空间分成许多小的网格，在待分类样本所在的网格里面去找即可。例如，以二维样本为例，这些二维的特征向量分布在一个平面上，根据x、y坐标的正负，可以分为 4 个象限，给定一个样本，并不需要在整个平面上去寻找最近邻，而只需要在给定样本所在的象限中去寻找最近邻。

对于高维的特征向量，可以采用哈希方法来划分特征空间。局部敏感哈希方法（Locality Sensitive Hashing，LSH）是一种常用的划分特征空间的方法。局部敏感哈希方法[127]的计算过程如下：设v为表示一个样本的特征向量，选择一个随机向量r，与v进行点乘，可以得到一位哈希编码，若点乘的结果大于 0，则该位编码为 1；否则为 0。选择k个随机向量，就可以为每个样本得到一个k位的哈希编码。从几何上来说，选择一个随机向量相当于在特征空间中随机选择一个超平面，对应位哈希编码的值对应了样本位于超平面的哪一边。选择一个超平面相当于将特征空间分为两部分，选择k个超平面相当于将特征空间分为2^k个网格，因此，一个样本对应的k位的哈希编码表明了该样本所位于的特征空间中的网格的位置。

给定待查询样本，同样计算其哈希编码，找到其所在的网格，然后只需要在该网格中寻找其最近邻。

如图 10 − 8 所示，当随机选择向量时，可能会造成左图的情况，即与待查询样本距离最近的样本和待查询样本并不在同一个网格中，这样找到的并不是最近邻。解决方法是再随机选择 k 个向量，生成另一个哈希表，而另一个哈希表中与待查询样本距离最近的样本就很有可能与待查询样本位于同一个网格中了。在实际应用时，一般会选择 n 组向量，生成 n 个哈希表。在这 n 个哈希表中寻找与待查询样本距离最近的样本即可。

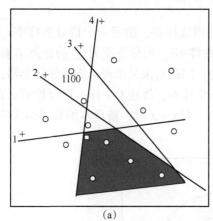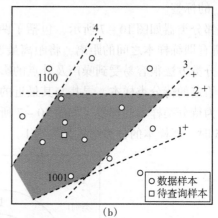

图 10 - 8　局部敏感哈希方法示例

[图片引自 Forsyth 等（2002）]

（a）哈希表 1；（b）哈希表 2

　　局部敏感哈希方法是随机地寻找划分特征空间的超平面，没有考虑数据的分布情况，可能会造成有的网格中样本很多，而有的网格中样本很少，从而影响最终的效率。KD 树[135] 也是一种划分特征空间的方法，而且可以保证划分的每个网格中的样本数目大体相同。其基本思想为，选择样本中方差最大的维度，使用该维度上的中值将样本空间划分为两部分，这样每一部分中的样本数目相同，然后对每一个子部分中的样本做同样的操作和进行迭代，从而可以保证所有网格中样本的数目相同。KD 树示例如图 10 - 9 所示。

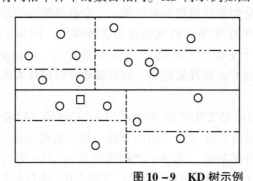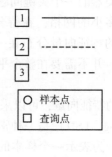

图 10 - 9　KD 树示例

10.2.2　基于类直方图的分类器

　　可以通过类直方图来建立条件概率密度模型进行分类。为简化描述，使用一个一维的向量 x，例如，图像灰度的均值，作为图像的特征来描述图像；假设将图像分为两类，白天的图像标记为 1，夜间的图像标记为 -1。收集训练数据（包括白天的图像和夜间的图像），从训练数据中可以计算以下概率：

$p(\boldsymbol{x}|y=1)$：白天图像的灰度均值的分布，可以通过建立白天图像灰度均值的直方图得到。

$p(\boldsymbol{x}|y=-1)$：夜间图像的灰度均值的分布，可以通过建立夜间图像灰度均值的直方图得到。

$p(y=1)$：白天图像出现的概率，可以通过白天图像数目/总图像数目得到。

那么给定一幅测试图像，要将其分类为白天图像或夜间图像，可以首先计算该图像的灰度均值 x，然后计算

$$p(y=1|\boldsymbol{x}) = \frac{p(\boldsymbol{x}|y=1)p(y=1)}{p(\boldsymbol{x}|y=1)p(y=1) + p(\boldsymbol{x}|y=-1)(1-p(y=1))} \tag{10-8}$$

就可以得到分类结果。基于类直方图的分类器的优点是计算简单，并且当数据量足够多时，可以得到较好的结果。缺点是当特征的维度较大时，直方图的维度随特征空间的维度成指数增长。例如，在上述例子中，如果使用一个三维向量，即 RGB 三个通道的均值作为图像特征，则直方图的维度将从 256 增加至 $256 \times 256 \times 256$。此时，建立直方图将需要海量的训练数据。这种现象称为维度诅咒。

朴素贝叶斯模型对条件概率做了条件独立性的假设，即假设特征之间是相互独立的，即对于一个 n 维的特征向量 $\boldsymbol{x}$：

$$p(\boldsymbol{x}|y=1) = p([x_0, x_1, \cdots, x_n]|y=1) = p(x_0|y=1)p(x_1|y=1)\cdots p(x_n|y=1)$$

$$\tag{10-9}$$

此时，就可以使用较少的数据来建立直方图，并进行后续的分类了。

朴素贝叶斯模型属于监督学习的生成模型，实现简单，没有迭代，学习效率高，在大样本量下会有较好的表现。朴素贝叶斯模型假设特征各个维度之间是相互独立的。虽然这个假设在很多情况下其实并不成立，但是朴素贝叶斯模型依然可以取得较好的分类效果。

10.2.3 基于分界面的分类器

基于分界面的分类器是指通过寻找一个线性或非线性的分界面来将正负样本分开，而支持向量机（Support Vector Machine，SVM）是一种典型的基于分界面的分类器。

支持向量机是一种二分类模型，是定义在特征空间上的间隔最大的线性分类器。使用核技巧可以使支持向量机成为实质上的非线性分类器。支持向量机的学习策略就是间隔最大化，可形式化为一个求解凸二次规划的问题，也等价于正则化的合页损失函数的最小化问题。

支持向量机学习的基本思想是求解能够正确划分训练数据集并且几何间隔最大的分离超平面。SVM 示意图如图 10-10 所示，$wx+b=0$ 即为分离超平面，对于线性可分的数据集来说，这样的超平面有无穷多个，但是几何间隔最大的分离超平面只有一个，支持向量机就是要找到几何间隔最大的分离超平面。

当数据线性可分时，支持向量机可以找到几何间隔最大的分离超平面进行分类；而当数据线性不可分时，支持向量机的处理方法是选择一个核函数。通过将数据映射到高维空间可以解决在原始空间中线性不可分的问题。将特征从低维空间映射至高维空间（图 10-11），原始数据在二维空间中是线性不可分的，将数据映射到三维空间后就变得线性可分了。

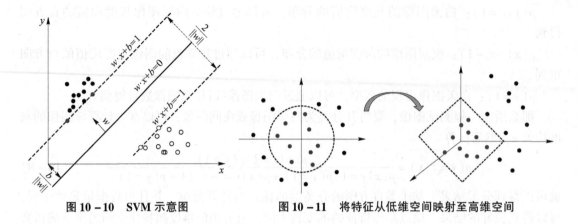

图 10 – 10　SVM 示意图　　　　图 10 – 11　将特征从低维空间映射至高维空间

以上所述都是二分类的情况。对于多分类的情况，主要有两种方法：一是同时考虑所有的分类，二是组合多个二分类器来解决多分类问题。

第一种方法的主要思想是同时考虑所有的类别数据。J. Weston 和 C. Watkins 提出的多分类支持向量机[136]就属于这一类方法。该算法在经典的支持向量机理论的基础上，重新构造多分类类型，同时考虑多个类别，将问题转化为一个二次规划问题，从而实现多分类。该算法由于涉及的变量较多，选取的目标函数比较复杂，实现起来比较困难，计算复杂度较高。

第二类方法的基本思想是通过组合多个二分类器来实现多分类。常见的构造方法有一对一（One – vs – One）和一对其余（One – vs – the Rest）两种。其中，一对一方法需要对 n 类训练数据进行两两组合，从而构建 $n(n-1)/2$ 个支持向量机，每个支持向量机对两种类别进行分类，最后分类时采取投票的方式决定分类结果，而一对其余方法对 n 分类问题构建 n 个支持向量机，每个支持向量机负责区分本类数据和非本类数据。第 k 个支持向量机在第 k 类和其余 $n-1$ 个类之间构造一个超平面，最后的分类结果由距离分界面最大的那个支持向量机决定。

10.3　图像分类的评价标准

准确率是最直观的对图像分类算法进行评价的指标，但是单独使用准确率在很多情况下（特别是当样本在不同类别上的分布不均衡时）无法完整客观地对图像分类算法进行评价。例如，对于车牌识别中的汉字识别问题，由于在北京行驶的车辆大多数是京牌的，若直接将所有车牌中的汉字识别为"京"，则所得到的汉字识别的准确率也会相当高，因此需要使用其他指标进行评价。

10.3.1　混淆矩阵

混淆矩阵（Confusion Matrix）是对分类结果的总结，通过分别计算每个类别中分类正确和错误的样本数目，可以显示分类模型在进行分类时会对哪些类别产生混淆。假设共有 n 个类别，则混淆矩阵是一个 $n \times n$ 的矩阵。矩阵的第 i 行第 j 列元素的值表示将第 i 类样本分类为第 j 个类别的数目。需要注意的是，混淆矩阵并不是对称矩阵。图 10 – 12 显示了混淆矩阵的示例。一个理想的分类器对应的混淆矩阵是一个对角线上的元素都为 1，其他元素都为 0 的矩阵。一般来说，对角线上的值都比较大的混淆矩阵表示对应的分类器性能较好。

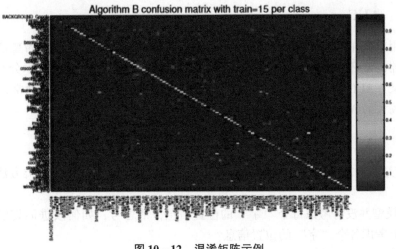

图 10 - 12　混淆矩阵示例

[图片引自 Zhang 等（2006）]

10.3.2　ROC 曲线

ROC 的全称为 Receiver Operating Characteristic。ROC 曲线是一个画在二维平面上的曲线，其示例如图 10 - 13 所示。平面的横坐标是假正率（False Positive Rate，FPR），纵坐标是真正率（True Positive Rate，TPR）。对于某个分类器，可以根据其在测试样本上的表现得到一个 TPR 和 FPR 点对，映射为 ROC 平面上的一个点。调整这个分类器分类时所使用的阈值，就可以得到一个经过（0，0）和（1，1）的曲线，就是此分类器的 ROC 曲线。一般情况下，这个曲线都应该处于（0，0）和（1，1）连线的上方。因为（0，0）和（1，1）连线形成的 ROC 曲线实际上代表的是一个随机分类器。如果某个分类器的 ROC 曲线位于此直线的下方，则说明该分类器的效果比随机进行分类的效果还要差。

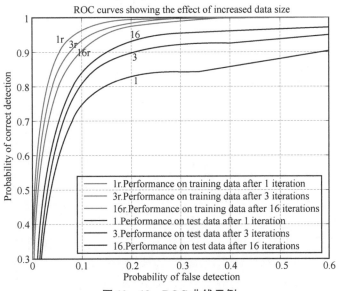

图 10 - 13　ROC 曲线示例

[图片引自 Jones 等（2002）]

10.3.3 AUC

虽然使用 ROC 曲线可以直观地表示分类器的性能，但是很多时候都希望能有一个数值来表示分类器的好坏。AUC（Area Under roc Curve）就是一个可以用来表示分类器效果的数值。顾名思义，AUC 的值就是处于 ROC 曲线下方的那部分面积的大小。通常，AUC 的值为 0.5~1.0，较大的 AUC 值代表了较好的分类性能。

思考题

1. 编程实现 512 维 GIST 特征的提取以及基于最近邻分类器的图像分类方法并绘制相应的 ROC 曲线。

2. 词袋模型并没有考虑每个"字"的位置信息，请思考，如何改进词袋模型可以使其在一定程度上考虑各个"字"的位置信息？

3. 请思考如何在不使用一对一和一对其余两种方法的情况下，使用朴素贝叶斯模型建立一个多分类的分类器。

4. 表情识别也可以视为图像分类问题，请描述应如何进行表情识别。

5. 如果某个分类器的 ROC 曲线位于（0，0）和（1，1）连线的下方，那么应如何调整该分类器？

第11章

物 体 检 测

物体检测是计算机视觉中的经典问题之一，是非常热门的研究方向。物体检测是指检测图像中是否存在某种物体，如果存在，那么应给出其具体的位置和大小。物体检测示例如图 11 – 1 所示。物体检测的模型通常是针对一些特定的物体类别的，如行人检测、人脸检测和车辆检测等。给出物体的位置、大小的方式多是以边界框为形式的；而对于实例分割，则也会以像素的形式给出。

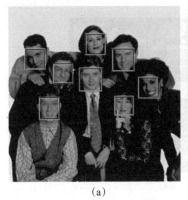 

(a) (b)

图 11 – 1　物体检测示例

(a) 人脸检测；(b) 行人检测

物体检测对于人类来说并不困难，人类可以通过对图像中不同颜色、纹理以及边缘部分的感知很容易地定位出目标物体，但计算机面对的是颜色或者灰度像素矩阵，很难从图像中直接得到例如人脸和行人这样抽象的概念并定位其位置。再加上物体姿态、光照和复杂背景等因素，物体检测变得更加困难。

物体检测方法可以分为基于滑动窗口的物体检测方法和基于区域提名的物体检测方法两种。

11.1　基于滑动窗口的物体检测方法

以检测某一类物体为例进行说明。物体检测可以通过二分类器结合滑动窗口策略来实现，即训练一个二分类器来区分图像中的每一块图像区域是待检测的物体还是属于背景区域，从而实现物体检测。二分类器可以通过收集大量的待检测物体的样本作为正样本，同时，收集大量的不包含待检测物体的图像作为负样本，进行训练得到。二分类器的输入为一块图像区域，输出为该图像区域是否是待检测的物体。

滑动窗口策略是指对于图像中的每一个位置，采用不同大小的窗口，通过训练好的二分类器进行判断是否为待检测的物体，即首先对输入图像采用不同大小的窗口进行从左到右、从上到下的滑动。每次滑动时，对当前窗口通过训练好的二分类器进行分类。若当前窗口以较高的分类概率被分类为待检测物体，则认为检测到了待检测物体，并对该窗口进行标记。对所有不同大小的窗口都进行分类后，可以得到所有窗口的标记结果。某些标记窗口之间可能会存在较大的重叠区域，然后采用非极大值抑制的方法进行筛选，获得待检测物体的检测结果。

图 11 - 2 所示为基于二分类器和滑动窗口方法进行物体检测的流程。以检测汽车为例，在训练阶段，收集大量的汽车图像作为正样本，收集不包含汽车的图像作为负样本，训练二分类器。在检测时穷举图像中所有可能的位置和窗口大小，使用二分类器进行分类，可以判断每一个窗口是否为汽车，从而可以得到检测结果。

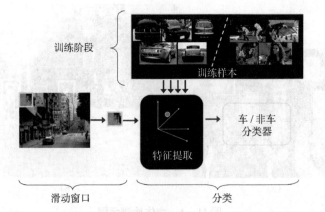

图 11 - 2　基于二分类器和滑动窗口方法进行物体检测的流程

对于不同大小的窗口的扫描，可以通过在原始图像上改变窗口的大小来进行，在进行分类时再缩放到分类器所需的输入大小即可，但是这样操作所需的计算量过大，因此对于不同大小的窗口的扫描，一般是通过图像金字塔来实现的。图像金字塔是一种以多分辨率来解释图像的有效结构，被广泛应用于物体检测、图像分割以及物体识别等领域。一幅图像的金字塔是一系列以金字塔形状排列的、分辨率逐步降低且来源于同一张原始图像的图像集合，通过对原始图像依次进行下采样获得，直到达到某个终止条件停止。金字塔的底部是待处理图像的高分辨率表示，而顶部是低分辨率的近似表示。

高斯金字塔是通过高斯平滑和下采样获得一系列下采样图像，即第 K 层高斯金字塔通过平滑、下采样就可以获得 $K + 1$ 层的高斯图像。高斯金字塔包含一系列低通滤波器，其截止频率从上一层到下一层是以因子 2 逐渐增加，高斯金字塔可以跨越很大的频率范围。高斯金字塔示例如图 11 - 3 所示。

通过二分类器和滑动窗口策略进行物体检测的具体算法如表 11 - 1 所示。

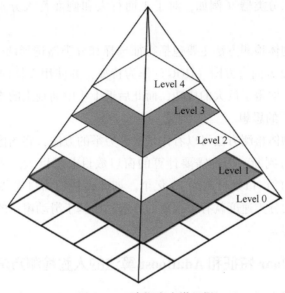

图 11 – 3 高斯金字塔示例

表 11 – 1 基于滑动窗口和二分类器的物体检测算法

训练阶段：

　　训练二分类器，分类器的输入为 $n \times m$ 大小的图像，分类器的输出为该图像是否为待检测的物体。训练时，正样本为包含待检测物体的图像，负样本为不包含待检测物体的图像。

测试阶段：

输入：图像 I；

输出：图像 I 中包含待检测物体的区域列表；

（1）选择阈值 t 和水平方向上的步长 Δx，垂直方向上的步长 Δy；

（2）建立图像金字塔；

（3）for 金字塔中的每一层；

　　　　对 $n \times m$ 的窗口使用分类器进行分类，得到分类概率 c

　　　　if $c \geq t$

　　　　　将该窗口放入候选列表 L 中

　　　　end

　　　　以步长 Δx 和 Δy 滑动窗口

　　end

（4）将 L 中的候选窗口按分类概率 c 从大到小排序；

（5）for 候选列表中的每一个候选窗口 w；

　　　　去除 L 中所有与 w 重叠超过一定阈值的候选窗口；

　　end

（6）L 中剩余的窗口即为物体检测的结果

　　某些情况下，使用单一的二分类器并不能很好地检测物体，如对于行人检测，行人的正面和侧面的视觉外观差别很大，使用单一的二分类器无法得到很好的检测结果。此时，可以

对一类目标使用多个二分类器（例如，对于正面行人和侧面行人分别训练一个二分类器）并分别进行检测。

基于滑动窗口的物体检测方法主要包括特征选择和分类器选择两个部分。Dalal 等[58] 在 2005 年提出了使用梯度方向直方图（HOG）作为特征，并使用支持向量机（SVM）作为分类器的行人检测方法，取得了巨大的成功，而此后近十年中涌现出的物体检测算法，很多都采用了"HOG + SVM"的思想。

基于滑动窗口的物体检测方法可以看作是一种穷举的方法，将图像上所有可能大小的窗口在所有位置上都进行判断，因此需要计算的窗口数目非常巨大。例如，对于一幅 482 × 348 的图像，所有可能的窗口数目约为 70 亿个。如此大量的窗口需要分类，对于窗口内的特征提取速度和窗口的分类速度就有了很高的要求，使基于滑动窗口的物体检测方法无法采用复杂的特征和分类器。

11.1.1　基于 Haar 特征和 AdaBoost 算法的人脸检测方法

Paul Viola 等[137]提出了一种基于 Haar 特征和 AdaBoost 算法的快速人脸检测方法。AdaBoost 算法是一种迭代算法。对于一组训练集，通过改变其中每个样本的权重，可以得到不同的训练集S_i，对每一个S_i进行训练得到一个弱分类器H_i，再将这些弱分类器根据不同的权值组合起来，就得到了强分类器。进行第一次训练的时候，训练集S_0中每个样本的权重相同，通过训练得到弱分类器H_0，然后降低S_0中被H_0分类正确的样本的权重，增加S_0中被H_0分类错误的样本的权重，这样得到的新的训练集S_1中，H_0分类效果不好的样本将会占据较大的权重。使用S_1进行训练，得到弱分类器H_1，依次不断迭代。若设迭代次数为T，则可以得到T个弱分类器。将T个弱分类器进行组合可以得到最终的强分类器。组合各个弱分类器时，若某个弱分类器的分类准确性越高，则其对应的权重就越大。

Haar 特征是计算机视觉领域中一种常用的特征描述算子，由于其是受到一维 Haar 小波的启发而提出的，因此称为类 Haar 特征。图 11 - 4 显示了三种 Haar 特征，即双矩形特征，其值为两个矩形区域中像素之和的差；三矩形特征，其值为外侧两个矩形区域中像素之和减去中间矩形区域中像素之和所得到的差；四矩形特征，其值为对角线上的矩阵区域中像素和的差。

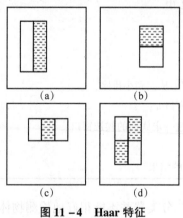

(a)　　　　(b)

(c)　　　　(d)

图 11 - 4　Haar 特征

[图片引自 Viola 等（2004）]

给定一个 Haar 特征，其在检测窗口中的不同位置以及其包含的矩形区域的不同大小都对应了一个不同的特征。例如，对于一个 24×24 的检测窗口，通过改变 Haar 特征的位置和大小，所有可能的特征数目约为 16 万个。可以使用积分图来快速得到特征的值。

其积分图示例如图 11 – 5 所示。积分图的计算可由式（11 – 1）得到。

$$ii(x,y) = \sum_{x' \leqslant x, y' \leqslant y} i(x',y') \tag{11 – 1}$$

其中，$i(x',y')$ 表示原始图像中像素 (x,y) 的值；$ii(x,y)$ 表示积分图像中像素 (x,y) 的值。

得到积分图像后，矩形特征的值可以快速地得以计算。特征通过积分图计算，如图 11 – 6 所示，区域 D 中的像素之和可以通过 $4 + 1 - (2 + 3)$ 得到。

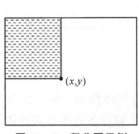

图 11 – 5　积分图示例

［图片引自 Viola 等（2004）］

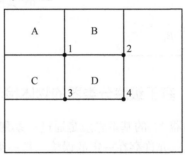

图 11 – 6　通过积分图计算特征

［图片引自 Viola 等（2004）］

一个 24×24 的检测窗口包含了约 16 万个矩形特征。此时需要进行特征选择，以选择出少量具有判别力的特征进行物体检测。每个矩形特征可以视为一个弱分类器。

$$h(x,f,p,\theta) = \begin{cases} 1 & \text{当 } pf(x) < p\theta \\ 0 & \text{其他} \end{cases} \tag{11 – 2}$$

式中，x 为 24×24 的检测窗口；f 为矩形特征的值；θ 为阈值；p 表示不等式的方向，即如果窗口中的矩形特征 f 的值大于或小于阈值 θ（大于还是小于由 p 决定），则分类器的值为 1 或 0。基于 AdaBoost 的物体检测算法如表 11 – 2 所示。

表 11 – 2　基于 AdaBoost 的物体检测算法

输入：训练图像 $\{(x_1,y_1),\cdots,(x_n,y_n)\}$，其中 $y_i = 1$ 表示 x_i 为正样本，$y_i = 0$ 表示 x_i 为负样本，n 为样本数目。

初始化：正样本的权重初始化为 $w_{1,i} = \dfrac{1}{2m}$，负样本的权重初始化为 $w_{1,i} = \dfrac{1}{2l}$，其中 m 和 l 分别为正负样本的数目。

对于 $t = 1,2,\cdots,T$：

（1）归一化权重：

$$w_{t,i} \leftarrow \frac{w_{t,i}}{\sum_{j=1}^{n} w_{t,i}}$$

（2）选择具有最小加权分类误差 ϵ_t 的弱分类器：

$$h_t(x) = h(x,f_t,p_t,\theta_t)$$

$$\epsilon_t = \min_{f,p,\theta} \sum_i w_i \mid h(x_i,f,p,\theta) - y_i \mid$$

续表

（3）更新权重：

$$w_{t+1,i} = w_{t,i}\beta_t^{1-e_i}$$

其中若x_i被分类正确，则$e_i = 0$；否则$e_i = 1$，$\beta_t = \dfrac{\epsilon_t}{1-\epsilon_t}$

最终的强分类器为

$$C(x) = \begin{cases} 1 & \sum\limits_{t=1}^{T}\alpha_t h_t(x) \geqslant \dfrac{1}{2}\sum\limits_{t=1}^{T}\alpha_t \\ 0 & \text{其他} \end{cases}$$

其中 $\alpha_t = \lg\dfrac{1}{\beta_t}$

11.1.2 基于级联分类器的物体检测方法

级联分类器[137]的基本思想是通过一系列的分类器来进行物体检测，每一级分类器都尽可能地不漏检，允许存在一定的误检。每一级的分类器都会去除很多的不包含物体的背景窗口。只有当所有分类器都被认为是物体的窗口时，才会作为最后的检测结果。绝大多数窗口在前几级分类器就被过滤掉了，从而可以提高检测的速度。

级联分类器如图 11 - 7 所示。对于所有需要判断的子窗口，应先使用第一个分类器（相对简单的分类器）进行分类，若判断为非物体的窗口，则直接去除；若判断为物体的窗口，则进入下一级分类器。每次都尽量保证将包含物体的窗口分类为正样本，即每次尽量不漏检，但允许有误检存在。误检的样本可以由下一级分类器来进一步分类。

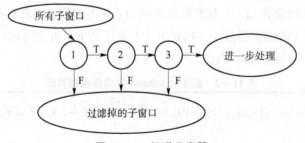

图 11 - 7 级联分类器

级联分类器中每一级的分类器都可以使用 AdaBoost 算法得到，需要注意的是，此时通过 AdaBoost 算法训练分类器时，要尽量保证分类器不漏检，即每次选择使漏检率最低的弱分类器，而不是选择使得准确率最高的弱分类器。此外，每一级分类器训练时所使用的训练样本中，上一级分类器分错的样本（非物体窗口分类为物体窗口）就会作为本级分类器训练时的负样本，使下一级分类器可以有效地处理上一级分类器分错的样本。

级联分类器是基于以下假设的，即在任何一幅图像中，绝大多数的子窗口是不包含物体的无效窗口，因此，级联分类器试图在尽可能早的阶段来去除尽可能多的无效窗口，从而提高检测速度。实际上，需要级联分类器中所有分类器进行分类的窗口的数目相对于所有可能的窗口数目来说是非常少的。

级联分类器的检测率和误检率可以通过每一级分类器的检测率和误检率相乘得到。例如，一个检测率为 90%，误检率为 10^{-6} 的级联分类器可以通过级联 10 个检测率为 99%，误检率为 30% 的分类器得到。需要指出的是，得到一个检测率为 99%、误检率为 30% 的分类器比得到一个检测率为 90%、误检率为 10^{-6} 的分类器容易得多。

11.1.3　基于可变形部件模型的物体检测方法

上述物体检测方法通常是针对待检测的物体训练一个或多个固定模板，使用模板通过滑动窗口的方式在图像上进行检测，但是使用固定模板无法有效地表示物体形状的变化。以行人为例，其可以有各种姿态，也可以视为由头部、躯干以及四肢等部件组成。这些部件之间的相对位置随着人的姿态变化会发生改变，若使用固定的模板来表示行人，则无法有效地表示这些变化。

可变形部件模型（Deformable Part Model，DPM）[154] 可以有效解决物体的形变问题。DPM 由一个较为粗糙的覆盖整个目标的全局根模板、几个高分辨率的部件模板以及部件模板相对于根模板的空间位置三部分组成。可变形部件模型示例如图 11-8 所示。空间位置模型的可视化图显示的是将部件的中心放置到相对根模板的不同位置的变形惩罚，近似于一个高斯模型，在中心部分及附近，变形惩罚较小（颜色较黑），偏离中心较远时变形惩罚较大（颜色较白）。全局根模板和部件模板都可以视为滤波器。滤波器指定了梯度方向直方图特征的权重。

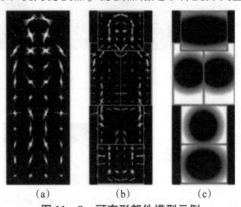

(a)　　　　　(b)　　　　　(c)

图 11-8　可变形部件模型示例

[图片引自 Pedro 等（2009）]

（a）行人的全局根模板；（b）行人的高分辨率部件模板；（c）每个部件相对于根模板的空间位置模型

使用可变形部件模型进行物体检测的过程如图 11-9 所示，给定输入图像，在不同的尺度上计算特征图。在低分辨率的特征图上，使用低分辨率的全局根模板，以滑动窗口的方式对物体进行检测，得到物体的响应；在高分辨率的特征图上，使用高分辨率的部件模板以滑动窗口的方式对各个部件进行检测，得到各个部件的响应图；每个根位置的最终得分为该层根滤波器的响应值加上其对应的各个部件的响应值并减去部件在此位置的变形惩罚。各个部件偏离初始位置越大，其变形惩罚就越大，从而导致总得分降低。

可变形部件模型允许部件的位置发生变化，并对部件的位置变化进行惩罚，若变化越大，则相应的惩罚也越大，从而可以有效地表示目标的形状变化。可变形部件模型在训练过程只需要用到训练集中目标的边界框信息，不需要各个部件的标注信息，可以通过学习自动得到各个部件的部件模板以及部件的位置模型。

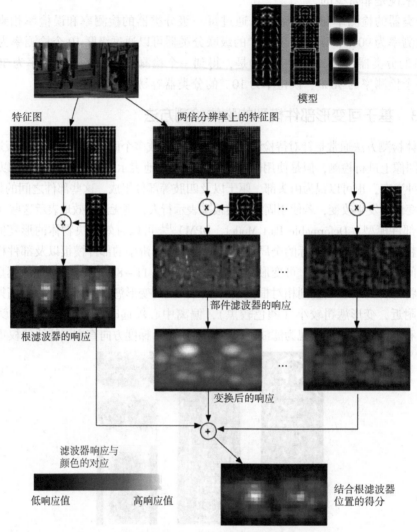

图 11-9 使用可变形部件模型进行物体检测的过程

［图片引自 Pedro 等（2009）］

11.2 基于区域提名的物体检测方法

基于滑动窗口的物体检测方法的主要问题是需要分类的窗口数目过多，导致无法使用复杂的特征和分类器，因此出现了基于区域提名（Region Proposal）的物体检测方法。其主要思想是先通过某种方式产生候选区域，通常为 2 000 个左右，然后对产生的候选区域进行分类从而实现物体检测。这类方法的优点是通过缩小搜索空间，可以使用更加复杂的特征和分类器。

基于区域提名的物体检测方法大多是通过自底向上的聚类和显著性线索来产生候选区域的。一般是对所有的物体类别进行，而不是针对某种特定物体。

11.2.1 选择性搜索

通过自底向上的聚类产生候选区域时，需要使用某种视觉特征（如颜色、纹理等）进行聚类。多种线索示例如图 11 – 10 所示。图 11 – 10（b）中的两只猫具有相似的纹理，若采用纹理信息来产生候选区域，则会将两只猫划分到一个区域中；图 11 – 10（c）中的变色龙和周围区域的颜色接近，若用颜色信息进行聚类，则无法得到变色龙的区域；图 11 – 10（d）中的车辆可以很容易把车身和车轮看作一个整体，但它们两者之间在纹理和颜色方面的差别都非常大。图 11 – 10 说明了在对图像进行区域提名时，不能只通过单一的线索来区分不同的物体，需要充分考虑图像中物体的多样性。此外，图像中物体之间的布局还存在一定的层次关系，如图 11 – 10（a）中的勺子放在碗里，碗放在桌子上。

图 11 – 10 多种线索示例

[图片引自 Uijlings 等（2013）]

选择性搜索（Selective Search）[138]是被广泛应用于目标检测的区域提名算法，具有计算速度快和召回率高的特点。选择性搜索基于颜色和纹理、大小和形状等线索来生成候选区域。算法主要包含两个内容：层次化的分组算法和多样性的合并策略。

（1）层次化的分组算法。

图像中区域特征比像素更具代表性，因此选择性搜索首先使用 Felzenszwalb[153]的基于图的图像分割方法对图像进行过分割，产生类似于超像素的图像初始区域，然后使用贪心算法对这些区域进行迭代分组，具体步骤为：

输入：图像。

输出：候选区域列表 L。

①使用基于图的图像分割方法对图像进行过分割，可以得到初始分割区域 $R = \{r_1, r_2, \cdots, r_n\}$；

②初始化相似度集合 $S = \phi$；

③计算两两相邻区域之间的相似度，将其添加到相似度集合 S 中；

④从相似度集合 S 中选择相似度最大的两个区域 r_i 和 r_j，将其合并成为一个区域 r_t，从集合 S 中删去之前与 r_i 和 r_j 相邻的区域与 r_i 和 r_j 之间的相似度并计算 r_t 与其相邻区域（之前与 r_i 或 r_j 相邻的区域）的相似度，将结果加入相似度集合 S 中，同时，将新区域 r_t 添加到区域集合 R 中；

⑤重复步骤④直到相似度集合 $S = \phi$；

⑥从区域集合 R 中获取每个区域的边界框，得到候选区域列表 L。

（2）多样性的合并策略。

采用不同的相似性度量可以充分考虑图像中物体的多样性。具体为采用颜色相似性度量、纹理相似性度量、形状重合度度量以及尺度相似性度量来计算区域间的相似性，同时，在计算颜色相似性时，由于考虑到场景、光照等条件的不同，因此选择性搜索使用具有不同属性的各种颜色空间来计算区域间的相似性。此外，还通过采用改变初始分割区域的方式来增加候选区域的多样性。

11.2.2　Objectness

Objectness[139] 是一种度量，其示例如图 11 - 11 所示。它表示了一个图像窗口包含某个物体的可能性。此处所指的物体不是针对某种特定的类别，而是任何类别的物体。物体一般具有完整的轮廓和中心，并且与背景具有明显的不同。也就是说，Objectness 表示了一个图像窗口是否包含了某种物体，如人、车等。与物体相对应的背景包括水、草地以及天空等并不具有明显的轮廓和中心。如图 11 - 11 所示，对于图中的绿色框（真值），Objectness 的值应该很高；对于图中的蓝色框（包含了物体），Objectness 的值应该比较高，但是要低于绿色框的 Objectness 的值；对于红色框（包含了背景或者物体的一小部分），Objectness 的值应该较低。

图 11 - 11　Objectness 示例

[图片引自 Alexe 等（2010）]

文献［139］提出物体应该至少具有以下三种性质中的一种，即拥有完整的轮廓，与其周围的环境有较大差异，并且在图像中具有一定的显著性和唯一性。文中使用了四种图像线索来表示 Objectness。

（1）多尺度显著性。

在多个尺度上使用显著性检测的方法进行显著性检测，得到各个尺度下的显著图，其中包含了每个像素的显著性，然后再通过显著图计算图像中不同窗口的显著性。图 11 - 12 显示了显著性计算成功和失败的示例。对于图 11 – 12（a）中的长颈鹿和飞机，在不同的尺度上成功地得到了其对应的显著图 11 – 12（b）和图 11 – 12（c），但是对于图 11 – 12（d）中的汽车，在不同的尺度上都没有得到对应的显著图。这也说明只使用单一线索进行物体检测是不够的。

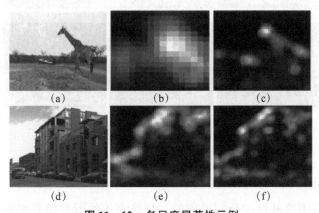

图 11 – 12　多尺度显著性示例

［图片引自 Alexe 等（2010）］

（2）颜色对比度。

颜色对比度是计算一个窗口与其相邻的区域之间的颜色差异。此处的相邻区域是指将窗口向各个方向扩展得到的区域。如图 11 – 13 所示，内框表示物体窗口，而外框表示物体窗口的相邻区域。若物体窗口与其相邻区域的颜色对比度较大，则 Objectness 得分将较高。图 11 – 13（a）和图 11 – 13（b）中的物体窗口与其相邻区域的颜色对比度较大，而图 11 – 13（c）中的物体窗口与其相邻区域的颜色对比度不大。再次说明了只使用单一线索是无法有效进行物体检测的。

图 11 – 13　颜色对比度示例

［图片引自 Alexe 等（2010）］

（3）边缘密度。

边缘密度是计算一个窗口边界部分的边缘密度，由于物体一般具有比较完整的轮廓，因此，在一个包含物体的窗口的边界部分应该包含较多的边缘。边缘密度示例如图 11 – 14 所示。将物体窗口（青色）向内收缩，可以得到一个环形区域（内框和外框中间的部分），计算环形区域中的边缘密度作为 Objectness 的度量。图 11 – 14（a）和图 11 – 14（b）中的边缘密度较高，但是图 11 – 14（c）中物体处的边缘密度并不高。

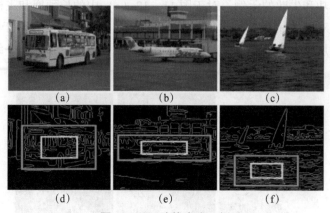

图 11 - 14 边缘密度示例

[图片引自 Alexe 等（2010）]

（4）超像素线索。

超像素是通过对图像进行过分割得到的。超像素中的所有像素都属于同一个物体，因此，一个物体通常会被过分割为多个超像素，在包含物体的窗口中，窗口应该包含整个超像素，属于物体的超像素一般不会跨越窗口，跨越窗口是指超像素中至少有一个像素在窗口内，有一个像素在窗口外。将超像素是否跨越窗口作为 Objectness 的一种度量，若跨越窗口的超像素越多，则窗口的 Objectness 值越小。

综合以上 4 种线索，可以计算一个窗口的 Objectness 的值，从而得到一系列候选区域。

11.2.3 EdgeBox

EdgeBox[140] 直接通过边缘信息来产生候选区域。边缘只使用很少的数据就可以反映图像中大部分的结构信息。例如，简笔画通过简单的线条就可以表示出丰富的信息。EdgeBox 是基于以下假设的，即被候选框完整包括的边缘集合的数目反映了候选框包含物体的可能性。完整包括是指边缘集合中的所有边缘都位于候选框的内部。

首先，利用结构化的方法检测出边缘，并利用非极大值抑制对边缘进行筛选；其次，基于贪婪策略将边缘点分为不同的集合，其基本思想是相邻的边缘点若其方向也相似，则属于同一个集合。具体为将边缘点与其 8 邻域内的边缘点放入集合中，直到集合中的边缘点的方向的差值之和超过某个阈值。形成边缘集合后，对一个候选框，为每个边缘集合赋予一个权值，若一个边缘集合与候选框相交或者在候选框外面，则该边缘集合的权值为 0。对于候选框内的边缘集合，若没有一条路径将其与候选框外面及边框上的边缘集合相连，则该边缘集合的权值为 1。每个候选框所包含的权值为 1 的边缘集合越多，则其得分就越高。

图 11 - 15 所示为 EdgeBox 示例产生候选区域的过程。图中第一行为原始图像，第二行为检测出的边缘，第三行为得到的边缘集合，第四行为得到的正确的候选区域，第五行为得到的不正确的候选区域。第四行和第五行中，方框内的边缘集合为完整包含在候选区域中的边缘集合，方框外的边缘集合为不属于候选区域的边缘集合。

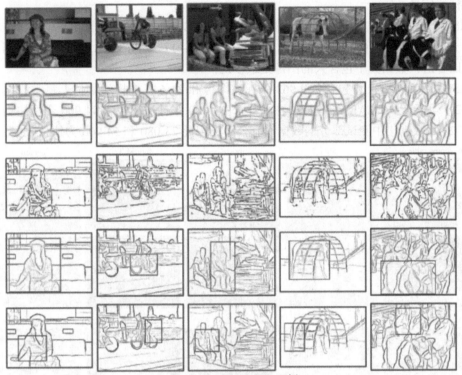

图 11 - 15　EdgeBox 示例

[图片引自 Zitnick 等（2014）]

11. 3　物体检测常用数据集

对于特定类别的物体检测（例如人脸检测、行人检测等）都有相当多的数据集。例如，常用的人脸数据集包括 FDDB[143]和 WIDER FACE[144]等，常用的行人数据集包括 INRIA[58]、ETH[147]、TUD[146]和 CalTech[145]等。此处主要关注通用的物体检测数据集。

11. 3. 1　PASCAL VOC 数据集

PASCAL（Pattern Analysis, Statical Modeling and Computational Learning）VOC（Visual Object Classes）[149][150]是一个世界级的计算机视觉挑战赛。其为图像识别和分类提供了一整套标准化的数据集。2005—2012 年，每年都会举行一场图像识别挑战赛，其主要目的是识别真实场景中的物体。

该挑战是一个监督学习的问题，训练集以带标签的图像形式给出。数据集中的物体包括以下 4 大类 20 小类：

（1）Person：person；

（2）Animal：bird, cat, cow, dog, horse, sheep；

（3）Vehicle：aeroplane, bicycle, boat, bus, car, motorbike, train；

（4）Indoor：bottle, chair, dining table, potted plant, sofa, tv/monitor。

该挑战主要包括 3 类任务：分类、检测以及分割。所有的标注图像都有进行物体检测所需要的标注信息。

PASCAL VOC 中比较重要的两个数据集是 PASCAL VOC 2007 与 PASCAL VOC 2012。图 11-16 为 PASCAL VOC 2007 中的示例图像，图 11-17 为 PASCAL VOC 2007 数据分布情况。可以看出，数据集中包含人的图像是最多的。

PASCAL VOC 2007 中包含了 9 963 张标注图像和 24 640 个标注物体。每类物体平均包括 1 232 个实例。PASCAL VOC 2012 中包含了 23 080 张标注图像和 54 900 个标注物体（由于 VOC 2012 数据集中测试部分的数据没有公布，因此 23 080 和 54 900 为估计数据）。

图 11-16　PASCAL VOC 2007 部分数据示例

[图片引自 Everingham 等（2010）]

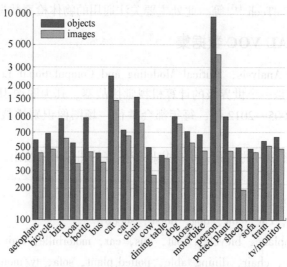

图 11-17　PASCAL VOC 2007 数据分布情况

[图片引自 Everingham 等（2010）]

11.3.2　MS COCO 数据集

MS COCO[151] 数据集的全称为 Microsoft Common Objects in Context。与 PASCAL VOC 相比，MS COCO 数据集具有小目标多、单幅图像中所包含的目标多等特点，更符合日常环境，所以 MS COCO 数据集的检测难度更大。MS COCO 数据集以场景理解为目标，从复杂的日常场景中收集图像。图像中的目标通过精确分割进行位置的标定。MS COCO 包含 91 个分类，在其中的 82 个分类中，每个类别都包含超过 5 000 个实例对象。这些有助于更好地学习每个对象的位置信息，在每个类别的对象数目上也是远远超过 PASCAL VOC 数据集。

图 11 −18 和图 11 −19 分别显示了 MS COCO 数据集的示例图像和数据分布。可以看出，MS COCO 数据集比 PASCAL VOC 包含了更多的类别和物体实例。MS COCO 数据集分为两个部分进行发布，2014 发布了第一部分，2015 年发布了第二部分。2014 年发布的数据中包含 82 783 张训练图像、40 504 张验证图像和 40 775 张测试图像。这些图像中大致有 1/2 为训练集、1/4 为验证集和 1/4 为测试集。

图 11 −18　MS COCO 示例图像

[图片引自 Lin 等（2014）]

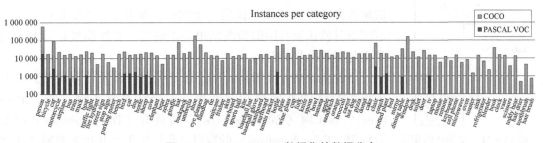

图 11 −19　MS COCO 数据集的数据分布

[图片引自 Lin 等（2014）]

11.3.3 ImageNet 数据集

ImageNet[152]图像数据集始于 2009 年，从 2010 年开始基于 ImageNet 数据集进行了 7 届 ImageNet 挑战赛（ImageNet Large Scale Visual Recognition Challenge，ILSVRC）。2017 年后，ImageNet 由 Kaggle 继续维护。

ImageNet 数据集是目前深度学习在图像领域进行应用时使用最多的数据集，是深度学习在图像领域的算法性能检验的"标准"数据集。ImageNet 数据集有 1 400 多万幅图像，涵盖 2 万多个类别。大类别包括动物、鸟类、鱼类、食物、水果、家具、电器、植物、车辆和人等。其中，有超过百万幅的图像包含明确的类别标注和图像中物体位置的标注。图 11 – 20 显示了 ImageNet 的部分示例图像。

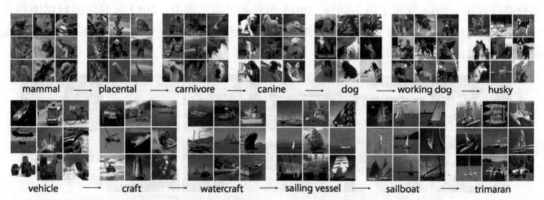

图 11 – 20 ImageNet 的部分示例图像

[图片引自 Deng 等（2009）]

11.4 物体检测评价指标

物体检测不同于物体分类，无法使用一个简单的准确率来进行评价。MAP（Mean Average Precision）是物体检测中常用的一个评价指标。给定一幅包含物体的图像，物体检测算法会给出检测结果（一系列的边界框以及对应的类别和可信度）。此时，应先使用交并比来判断算法给出的每一个边界框是否正确。

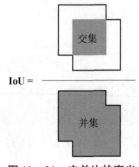

图 11 – 21 交并比的定义

交并比是指检测出的边界框和真值的边界框的交集与并集的比值，其定义如图 11 – 21 所示。比值越大，表示检测的结果与真值越符合。一般来说会设定一个阈值，如 0.5。当交并比大于给定阈值时就认为给出的检测结果是正确的。当然前提是检测出的类别与真值也是相符的。

假设要检测 n 类物体，对于每一类物体首先计算检测算法对于该类物体的准确率和召回率，需要计算真正例（True Positives）、假正例（False Positives）、真负例（True Negatives）以及假负例（False Negatives）的数目。此处使用交并比来判断真正例和假正例。将检测算法检测出的所有结果都作为正例，某个结果与真值的交并比如果大于阈值，则为真正例，否则为假正例。对于负例，由于图像中检测算法没有检测出物体的地方都是负例，因此很难去有效计算真负例。一般都计算假负例，即检测模型没有检测到的物体实例。

同时，物体检测算法对于每一个检测结果都有一个置信度，改变置信度的阈值可以使一个检测结果（位置＋类别）为正例（置信度大于阈值）或者为负例（置信度小于阈值）。

对于每一幅图像，真值包括了图像中每一类物体的个数以及位置和大小。对检测算法给出的每一个正例（位置＋类别），计算其与所有该类别的真值的交并比，若对于某一个真值的交并比大于给定的阈值，则认为该正例为真正例，否则为假正例。这样就可以计算针对某类物体的准确率：

$$precision = TP/(TP + NP) \tag{11-3}$$

通过真正例和假负例（没有被检测到的真值），可以计算针对某类别的召回率：

$$recall = TP/(TP + FN) \tag{11-4}$$

在计算准确率和召回率时，使用了两个阈值：物体检测的置信度阈值和交并比阈值。交并比比较容易设定一个标准以便各种算法进行比较，但是不同模型的置信度阈值差别很大，无法设定统一标准进行比较，因此提出了 AP（Average Precision）[141]，其计算方式为针对每一个类别，选择 11 个置信度阈值，使对应的召回率分别为 0.0，0.1，0.2，…，1.0。AP 则为这 11 个召回率对应的准确率的均值，而 MAP 则为所有类别的 AP 的均值。

需要注意的是，数据中各个类别的分布对于 MAP 的影响也很大。算法可能在某些类别上 AP 很高，而在某些类别上 AP 很低，也就是说算法对某些类别的检测效果很好，而对另外一些类别的检测效果很差，因此 MAP 只是一个综合的评价指标。针对一些特定的应用，还需要详细分析各个类别的 AP。

思考题

1. 请思考视频中的物体检测与图像中的物体检测的区别。

2. 请思考，在进行物体检测时，除图像本身的信息外，还可以利用哪些先验知识来进行辅助？

3. 进行物体检测时需要训练分类器，当训练样本不足时，有哪些方法可以增加样本的数量？

4. 编程实现基于 Haar 特征和 AdaBoost 算法的人脸检测方法。

5. 基于滑动窗口的物体检测方法和基于区域提名的物体检测方法的优缺点各是什么？

第 12 章

深度学习与计算机视觉

12.1 深度学习

从 2006 年，即所谓的深度学习元年开始，深度学习得到了快速的发展，被广泛应用在计算机视觉的各领域中，并取得了远远超越传统方法的效果。深度学习是 20 世纪 80 年代出现的多层神经网络的复兴。当时未能普及的原因之一就是缺少能够有效地优化多层网络的方法，特别是缺少对多层神经网络进行初始化的有效方法。从这个意义上讲，Hinton 等 2006 年[172]的主要贡献是开创了无监督的分层预训练多层神经网络的先河，从而使众多研究者重拾了对多层神经网络的信心。

在深度学习兴起之前，在计算机视觉和模式识别领域中，都是使用人工设计的特征，从而严重影响了算法的有效性和通用性。深度学习彻底颠覆了人工设计特征的模式，开启了数据驱动的"表示学习"模式。具体体现在以下两点：①所谓的经验和知识也存在于数据之中，在数据量足够大的时候无须显式的经验或知识的嵌入，可以直接从数据中通过学习得到；②可以直接从原始信号开始学习表示，而不需要人为转换到某个所谓"更好"的空间内再进行学习。数据驱动的表示学习模式使不需要根据经验和知识针对不同问题设计不同的处理流程，从而大大提高了算法的通用性，也大大降低了解决新问题的难度。

深度学习的兴起主要有以下几方面原因：

（1）大规模数据集的出现。例如，ImageNet 数据集中，包含了超过 1 400 万张图像，涵盖了 2 万多个类别。

（2）计算资源的增加。随着 GPU 等相关硬件的发展，计算资源大大增加，因此训练大规模的神经网络成为可能。

（3）算法本身的发展（如 ReLU 激活函数、Dropout 策略等）也使深度学习得到了快速发展。

随着深度学习的兴起，深度学习覆盖了几乎所有计算机视觉的研究领域，在计算机视觉的各个领域中都取得了远超传统算法的表现。常见的深度网络模型包括卷积神经网络（Convolutional Neural Networks，CNN），如 LeNet、VGGNet、ResNet 等；循环神经网络（Recurrent Neural Networks，RNN），如长短时记忆网络（Long Short Term Memory，LSTM）；对抗神经网络（Generative Adversarial Networks，GAN）等。本书中只介绍深度学习在计算机视觉中的人脸识别、目标检测和目标跟踪中的一些典型应用。

12.2　深度学习与人脸识别

深度学习在人脸识别中得到了广泛的应用，具有代表性的工作包括 DeepFace 和 DeepID 系列。其中，DeepID 系列包括 DeepID、DeepID2、DeepID2 + 以及 DeepID3，还有 FaceNet 等。

12.2.1　DeepFace

DeepFace[156] 是 Facebook AI 研究院在 2014 年提出的使用深度学习进行人脸识别的方法。该方法首先进行人脸对齐，如图 12 - 1 所示。给定一幅图像，首先，进行人脸检测并检测 6 个基准点，包括眼睛区域 2 个、鼻尖 1 个以及嘴部区域 3 个；其次，使用这 6 个基准点对人脸图像进行裁剪并进行初步对齐。在裁剪出来的人脸图像上检测 67 个基准点，然后进行 Delaunay 三角化，并在轮廓处添加三角形来避免不连续的情况。参考人脸三维模型，将人脸图像放正，则可以得到对齐后的人脸图像。总体来说，这一步的作用就是使用 3D 模型来将人脸进行对齐，从而使深度网络可以更加有效地提取人脸的特征。

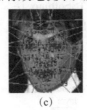

（a）　　　　（b）　　　　（c）　　　　（d）　　　　（e）

图 12 - 1　DeepFace 中的人脸对齐

［图片引自 Taigman 等（2014）］

（a）检测的人脸；（b）初步对齐的人脸；（c）使用 67 个基准点进行三角化；

（d）参考三维人脸模型；（e）对齐后的人脸

对齐以后的人脸图像尺寸为 152 × 152，将其输入如图 12 - 2 所示的网络结构中，该网络包括一个包含 32 个 11 × 11 × 3 卷积核的卷积层 C1，一个 3 × 3、步长为 2 的最大池化层 M2，一个包含 16 个 9 × 9 卷积核的卷积层 C3，一个包含 16 个 9 × 9 卷积核、参数不共享的局部卷积层 L4，一个包含 16 个 7 × 7 卷积核的局部卷积层 L5，一个包含 16 个 5 × 7 卷积核的局部卷积层 L6，一个包含 4 096 个节点的全连接层 F7 和一个 Softmax 层。

图 12 - 2 所示为 DeepFace 网络结构图。

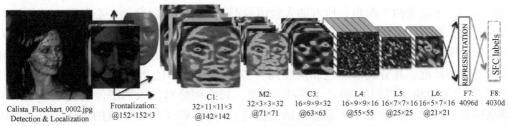

图 12 - 2　DeepFace 网络结构图

［图片引自 Taigman 等（2014）］

前三层的目的在于提取低层次的特征，如简单的边缘和纹理。其中，最大池化层使得卷积的输出对微小的偏移情况更加鲁棒。这里没有使用太多的最大池化层，因为太多的最大池化层会使网络损失图像的细节信息。

后面三层都是使用参数不共享的卷积核。之所以参数不共享，是因为在对齐的人脸图像中，不同的区域会有不同的统计特征，卷积的局部稳定性假设并不存在，所以使用相同的卷积核会导致信息的丢失。不共享的卷积核并不增加特征提取时的计算量，但是会增加训练时的计算量。使用参数不共享的卷积核，所需要训练的参数数目大大增加，因此需要很大的训练数据集进行训练。

全连接层将上一层的每个单元和本层的所有单元相连，用来捕捉人脸图像不同位置的特征之间的相关性。全连接层 F7 的输出（4 096 维）可以用来表示人脸。全连接层的输出作为 Softmax 层的输入，Softmax 层用于对人脸进行识别。

12.2.2　DeepID 系列

DeepID[157]是由香港中文大学在 2014 年提出的人脸识别方法。网络输入分为 2 种情况：矩形输入为 $39 \times 31 \times k$，正方形输入为 $31 \times 31 \times k$。其中，k 为图像通道的数目，对于彩色图像 k 为 3，对于灰度图像 k 为 1。DeepID 的网络结构如图 12-3 所示，包括 4 个卷积层、3 个最大池化层、1 个全连接层以及 1 个 Softmax 层。全连接层（DeepID 层）同时与第 3 个卷积层和第 4 个卷积层相连，由于不同的卷积层对应不同尺度的特征（第四层比第三层更全局一些），因此 DeepID 层包含了多尺度的特征。

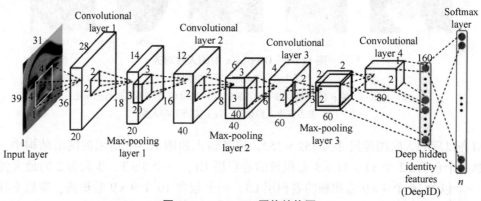

图 12-3　DeepID 网络结构图

[图片引自 Yi 等（2014）]

在使用 DeepID 进行人脸识别时，先在输入的人脸图像上检测五个基准点，包括两只眼睛的中心、鼻子以及两个嘴角。所有的人脸图像都是通过两只眼睛的中心和两个嘴角的中心进行对齐的，然后从每张人脸图像中得到 60 个图像块，分别是整幅图像、对整幅图像从上到下取 4 个图像块，共 5 个全局的图像块；以每个基准点为中心得到 5 个局部图像块，每个图像块取 3 个尺度，并分别以彩色和灰度两种方式进行（彩色和灰度输入是 k 取值不同），共得到 60 个图像块，再训练 60 个 DeepID 网络，每个网络对输入的图像块提取 2 个 160 维的特征向量（原始图像块和水平翻转后的图像块），最终形成 19 200 维的特征向量。该特征向量用来作为人脸的表示供后续的人脸识别或人脸验证使用。

DeepID2[158]是 DeepID 的改进版本，提取 DeepID 特征所使用的人脸图像块如图 12-4 所示。其主要思想是同时使用人脸验证和人脸识别两种信息来监督特征的学习，称为 Deep IDentification - verification 特征。其网络结构与 DeepID 类似，第 3 个卷积层上的权值在 2×2

的邻域上共享，第四个卷积层上的权值完全不共享。网络的训练采用人脸识别和人脸验证两种监督信息。

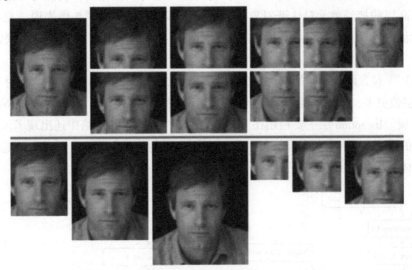

图 12 - 4　提取 DeepID 特征所使用的人脸图像块
［图片引自 Yi 等（2014）］

DeepID2 +[159] 对 DeepID2 进行了以下改进：①每一层卷积层中的特征图增加到 128 个，最终的特征向量长度增加到 512 维；②使用更多的数据进行训练，DeepID2 使用 8 000 个人的 160 000 幅人脸图像进行训练；而 DeepID2 + 使用 12 000 个人的 290 000 幅人脸图像进行训练；③在第 4 层以后的每一个卷积层后加上 512 维的全连接层来对每个卷积层施加人脸识别和人脸验证两种监督信息。DeepID2 + 结构如图 12 - 5 所示。

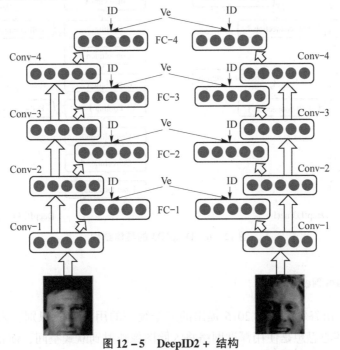

图 12 - 5　DeepID2 + 结构
［图片引自 Yi 等（2015）］

　　DeepID2＋对卷积神经网络进行了大量的分析，提出了以下发现：①神经单元的适度稀疏性有益于识别。该性质甚至可以保证即使将神经元进行二值化后，仍然可以达到较好的识别效果；②高层的神经单元对认证对象比较敏感，即对同一个人的头像来说，总有一些单元处于一直激活或者一直抑制的状态。此外，DeepID2＋对于水平遮挡或者随机块遮挡都非常鲁棒。

　　DeepID3[160]包含两种不同的结构，分别为 DeepID3 net1 和 DeepID3 net2。相对 DeepID2＋，DeepID3 的层数更多，网络更深。与此同时，其还借鉴了 VGG Net[162] 和 GoogLeNet[163] 并引入了 Inception 层。Inception 层主要是用在 DeepID3 net2 中。另外，网络中还出现了连续两个卷积层直接相连的情况，这样使网络具有更大的感受野和更复杂的非线性，同时，还能限制参数的数量，其具体结构如图 12 –6 所示。

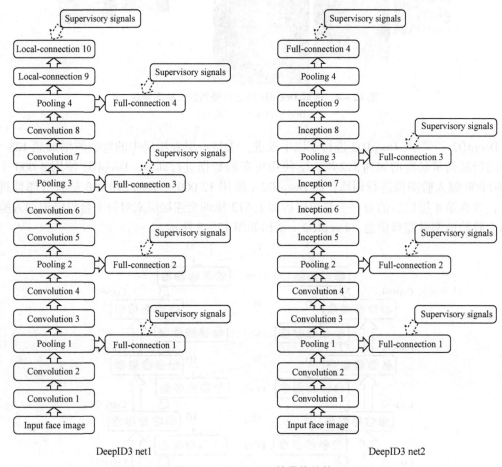

图 12 –6　DeepID3 的具体结构

12. 2. 3　FaceNet

　　FaceNet[161]是由谷歌公司在 2015 提出的一个统一的用于人脸识别、人脸验证以及人脸聚类的架构。其核心思想是使用深度网络将人脸图像映射到欧式空间，使得映射后的特征可以直接衡量人脸之间的相似度，即同一个人的人脸图像特征之间的距离较近，不同人的人脸图像特征之间的距离较远。FaceNet 结构如图 12-7 所示。

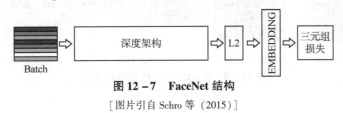

图 12-7　FaceNet 结构

［图片引自 Schro 等（2015）］

FaceNet 的目的是将人脸图像嵌入低维的欧几里得空间。在该空间内，同一个人的人脸图像特征之间的距离较近，不同人的人脸图像特征之间的距离较远。FaceNet 去掉了最后的 Softmax 层，使用三元组损失来进行模型的训练。使用这种方式学到的图像表示非常紧致，仅使用 128 维就可以很好地表示图像。三元组损失如图 12-8 所示，其基本思想是给定一个三元组（Anchor，Positive，Negative）。其中 Anchor 与 Positive 是同一个人的人脸特征表示，Negative 是与 Anchor 不同人的人脸特征表示，通过三元组损失训练后，Anchor 与 Positive 的特征表示之间的距离较近，而 Anchor 与 Negative 的特征表示之间的距离则较远。

图 12-8　三元组损失

［图片引自 Schroff 等（2015）］

三元组的选择对于网络的训练非常重要。FaceNet 采用在线生成三元组的方式，通过选择大样本的 Mini-Batch（1 800 样本/Batch）来增加每个 Batch 的样本数量。在每个 Mini-Batch 中对单个个体选择 40 张人脸图像作为正样本，随机筛选其他人脸图像作为负样本来进行网络训练。FaceNet 使用了约 800 万个人的 1 亿~2 亿张人脸图像进行训练。

12.3　深度学习与物体检测

深度学习在物体检测中得到了广泛的应用，具有代表性的工作包括 R-CNN、SPP-Net、Fast R-CNN、Faster R-CNN、YOLO（You Only Look Once）和 Mask R-CNN 等。

12.3.1　R-CNN

R-CNN[164]是 Ross Girshick 等提出的使用卷积特征（CNN），结合选择性搜索进行物体检测的方法，由于该方法结合了区域提名（Region Proposal）和 CNN 特征，因此将其称为 R-CNN（Regions with CNN features）。

R-CNN 首先使用选择性搜索得到 2 000 个左右的候选区域，将每一个候选区域缩放到固定的大小，使用卷积网络提取候选区域的特征，使用针对特定类别的线性 SVM 对提取的卷积特征进行分类来进行物体检测，得到检测结果。整个检测过程示意如图 12-9 所示。

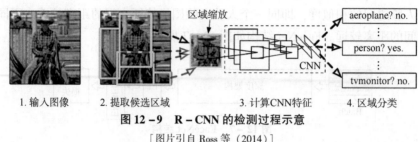

1. 输入图像　　2. 提取候选区域　　　　3. 计算CNN特征　　　4. 区域分类

图 12 – 9　R – CNN 的检测过程示意

[图片引自 Ross 等（2014）]

得到检测结果后，再使用边框回归（Bounding Box Regression）优化检测结果，得到精确的物体检测结果。其中每个物体类别单独训练一个边框回归器。边框回归的训练过程如下：输入为 N 个训练对 (P^i, G^i)，其中 P^i 表示提取出的候选区域，使用 4 个参数 (x, y, w, h) 来表示其中心位置和宽高，G^i 为物体区域的真值，同样使用 4 个参数 (x, y, w, h) 来表示，同时还输入候选区域的 CNN 特征。t^i 表示 P^i 与 G^i 之间的变换（平移和缩放），则网络的损失函数为

$$w_\star = \mathop{\arg\min}_{\hat{w}_\star} \sum_i^N (t_\star^i - \hat{w}_\star^T \phi_5(P^i))^2 + \lambda \parallel \hat{w}_\star \parallel^2 \qquad (12-1)$$

即给出一个候选区域，通过网络学习从区域特征到一个运动向量（平移和缩放）的映射函数，使该运动向量能够把候选区域和物体区域尽量对齐，从而实现物体的精确定位。

R – CNN 存在以下缺点：

（1）计算量大：R – CNN 虽然不需要穷举所有的滑动窗口，但是仍然要计算 2 000 个左右的候选区域的特征，计算量依然很大；同时，候选区域中有不少包括了重叠区域，导致有不少区域的特征被重复计算。

（2）训练与测试分为多步：其中的区域提名、特征提取、分类、回归都是断开的训练过程。

（3）速度较慢：上述缺点导致 R – CNN 速度较慢，GPU 上处理一张图像需要 13 s，CPU 上则需要 53 s。

12.3.2　SPP – Net

SPP – Net[165] 是微软研究院的何恺明等提出的，其主要思想是去掉了对于候选区域的剪切/缩放操作，换成了在卷积特征上的空间金字塔池化层（Spatial Pyramid Pooling，SPP）。引入 SPP 层的主要原因是卷积神经网络的全连接层要求输入图像的大小是一致的，而实际中的输入图像往往大小不一，若直接裁剪缩放到同一尺寸，则很可能会导致有的物体会充满整个图像，而有的物体只能占到图像的一角。传统的解决方案是进行不同位置的裁剪，但是这些裁剪技术都可能会导致一些问题出现，如裁剪导致物体不全、缩放导致物体被拉伸后形变严重等。空间金字塔池化层可以很好地解决上述问题。

SPP 对整幅图像提取固定维度的特征，如提取 256 维的特征，再把图像均分成 4 份，每份提取 256 维的特征；再把图像均分为 16 份，每份提取 256 维的特征。然后将这些特征连接起来，形成 256 + 4 × 256 + 16 × 256 = 5 376 维的特征。可以看出，无论图像大小如何，提

取出来的特征的维度都是一致的，这样就可以将其统一送至全连接层了。

　　SPP – Net 的检测过程与 R – CNN 类似，其示意图如图 12 – 10 所示，用选择性搜索从原图中生成 2 000 个左右的候选窗口；然后将整幅输入图像缩放到 $\min(w,h) = s$，即统一长宽的最短边长度，s 选自 $\{480, 576, 688, 864, 1\,200\}$ 中的一个；接着进行特征提取：首先，对整幅图像提取卷积特征；其次，利用 SPP 得到每个候选区域的特征；最后，进行分类与回归。类似 R – CNN，利用 SVM 基于所提取的特征训练分类器模型，用边框回归来微调候选框的位置。

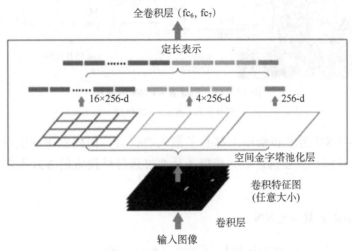

图 12 – 10　SPP – Net 的检测过程示意图
[图片引自 He 等（2015）]

　　SPP – Net 解决了 R – CNN 区域提名时缩放带来的偏差问题，提出了 SPP 层，使输入的候选框可以为任意的大小。与 R – CNN 相比，它对整幅图像进行一次卷积，然后对每个候选窗口在卷积得到的特征图上进行 SPP，大大加快了检测速度，但其他方面依然和 R – CNN 一样，因此依然存在 R – CNN 存在的问题。

12. 3. 3　Fast R – CNN

　　Fast R – CNN[166] 主要解决了 R – CNN 和 SPP – Net 的训练与测试分为多个步骤的问题，其结构图如图 12 – 11 所示。其基本思想为使用一个简化的 SPP 层，即 RoI（Region of Interesting）池化层，操作与 SPP 类似，不过只有一层。将候选区域（$h \times w$）分为 $H \times W$ 个子区域，每个子区域的大小约为 $h/H \times w/W$，对每一个子区域进行最大池化，从而得到候选区域的固定长度的特征描述。训练和测试不再分多步，不再需要额外的存储空间来存储中间层的特征，梯度能够通过 RoI 池化层直接传播，而 SPP 无法直接传播。此外，分类和回归使用多任务学习的方式一起进行，并使用 SVD 分解全连接层的参数矩阵，压缩为两个规模小很多的全连接层。

　　Fast R – CNN 的检测过程为①特征提取：以整张图像为输入，利用卷积神经网络得到图像的特征层；②区域提名：通过选择性搜索等方法从原始图像提取区域候选框，并把这些候选框一一投影到最后的特征层，从而避免了候选区域重叠部分特征提取的重复计算；③区域归一化：针对特征层上的每个区域候选框进行 RoI 池化，得到固定大小的特征表示；④分类与回归：通过两个全连接层，分别用 Softmax 多分类做目标识别，然后，用回归模型进行边框位置与大小微调。通过多任务损失函数，同时训练分类和回归，训练时，可以在损失函数中设置分类和回归的权重。

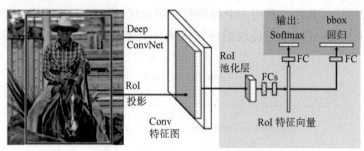

图 12 – 11　Fast R – CNN 的结构

［图片引自 Girshick（2015）］

尽管 Fast R – CNN 速度和精度上都有了很大的提升，但仍然未能实现端到端（End – to – End）的目标检测，其候选区域的获得还是通过选择性搜索的方式来获得，不能与特征提取同步进行。

12.3.4　Faster R – CNN

Faster R – CNN[167]直接利用区域建议网络（Region Proposal Networks，RPN）来得到候选区域，以解决 Fast R – CNN 使用选择性搜索来进行区域提名，因此速度依然不够快的问题。区域建议网络以一张任意大小的图像为输入，输出一批矩形区域提名，每个区域对应一个目标分数和位置信息。Faster R – CNN 中的区域建议网络结构如图 12 – 12 所示。

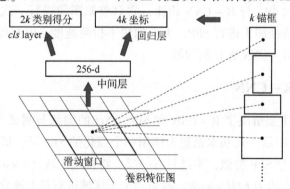

图 12 – 12　Faster R – CNN 中的区域建议网络结构

［图片引自 Ren 等（2015）］

区域建议网络以整张图像作为输入，通过卷积神经网络得到特征层。在特征层上使用滑动窗口的方式进行扫描，对于每一个滑动窗口，可以从特征层上得到 d 维特征，作为 RPN 网络的输入。利用 k 个锚框（Anchor Boxes）进行提名，k 取值为 9。9 个锚框通过使用 3 种大小和 3 种宽高比进行组合形成。每个锚框以对应的滑动窗口为中心。对于每个锚框，则会产生一个候选窗口。RPN 的输出为 $2k$ 个得分，其中每个锚框为 2 个得分，分别表示该锚框是物体的得分和不是物体的得分以及 $4k$ 个输出（包括平移和缩放的运动向量，可将锚框尽可能地与真值对齐），使用类似 Fast R – CNN 的多任务损失进行训练。

训练时，每个锚框对应原始图像上的一个区域，若该区域与真值的重合超过 0.7，则该锚框的标签为正，重合小于 0.3 则标签为负，在其他情况下，该锚框对损失没有贡献。对于回归，只有标签为正的锚框有贡献，可以视为从锚框到附近的真值框的一个回归。训练数据只需有物体的真值即可。若每个锚框对应原始图像上的一个区域，则可以知道该锚框的标签，以及该锚框相对于真值的位移和缩放。最终，每个锚框会产生一个候选窗口，候选窗口的大小与锚框的大小可能不同。例如，候选窗口可能会比锚框更大，即通过看到物体的一部分可以推测出物体的整体。

区域建议网络产生候选区域后，使用 Fast R – CNN 进行物体检测。二者共享前段的卷积层。共享的方式是可以交替训练这两个网络，即先训练区域建议网络，然后使用区域建议网络产生的候选窗口训练 Fast R – CNN。注意，此时两个网络并没有共享卷积层，然后再使用 Fast R – CNN 前段的卷积层来作为区域建议网络的卷积层并固定前段卷积层的参数来微调区域建议网络，最后再固定前段共享卷积层的参数来微调 Fast R – CNN，从而达到卷积层共享的效果。

Faster R – CNN 可以视为包含区域建议网络的 Fast R – CNN。区域建议网络负责产生候选窗口，即在特征图上的每个点上产生 9 个候选窗口。将候选窗口作为 Fast R – CNN 的输入，输出的是对所输入的候选窗口是属于背景还是前景的判断和对于候选窗口位置的修正。

12.3.5 YOLO

YOLO[168] 的核心思想是利用整张图像作为网络的输入，直接在输出层回归物体边界框的位置和其所属的类别。YOLO 检测过程如图 12 – 13 所示，输入一幅图像，对图像进行缩放，输入一个卷积网络并对网络的输出进行非极大值抑制就可以得到最终的检测结果。Faster R – CNN 中也是直接采用整张图像作为输入，但是 Faster R – CNN 整体还是采用了 R – CNN 的"候选窗口提名 + 分类"的思想。

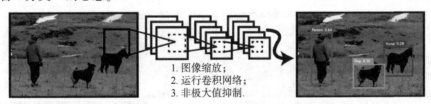

1. 图像缩放；
2. 运行卷积网络；
3. 非极大值抑制.

图 12 – 13 YOLO 检测过程

[图片引自 Redmon 等（2016）]

YOLO 将输入图像缩放为固定大小，然后划分为 $S \times S$ 个网格，每个网格输出 B 个边界框，每个边界框包括 5 个参数，即位置、大小和一个置信度，同时，每个网格输出 C 个类别的置信度，即网络输入固定大小的图像，最终输出是 $S \times S \times (5B + C)$ 个值。损失函数的设计目标就是让检测到的边界框坐标(x, y, w, h)、每个边界框的置信度以及分类这三个方面达到平衡。

将一幅图像分成 $S \times S$ 个网格，若某个物体的中心落在这个网格中，则该网格就负责预测这个物体。每个网格要预测 B 个边界框，每个边界框除了要回归自身的位置之外，还要附带预测一个置信度的值。这个置信度代表了所预测的边界框中含有物体的置信度和这个边界框预测得有多准两方面的信息。置信度计算方式为

$$\Pr(\text{Object}) \times \text{IoU}_{\text{pred}}^{\text{truth}} \tag{12-2}$$

其中，若有物体的中心落在一个边界框所在的网格里，则第一项 $\Pr(\text{Object})$ 取 1，否则取 0。第二项是预测的边界框和实际的真值之间的交并比。

需要注意的是，类别信息是针对每个网格的，置信度信息是针对每个边界框的。在测试时，每个网格预测的类别信息和边界框预测的置信度信息相乘，就得到了每个边界框的类别相关的置信度

$$\Pr(\text{Class}_i | \text{Object}) \times \Pr(\text{Object}) \times \text{IoU}_{\text{pred}}^{\text{truth}} = \Pr(\text{Class}_i) \times \text{IoU}_{\text{pred}}^{\text{truth}} \tag{12-3}$$

等式左边第一项就是每个网格预测的类别信息，第二、三项就是每个边界框预测的置信度。这个乘积既包含了预测的边界框属于某一类的概率，同时也包含了该边界框的准确度信息。得到每个边界框的类别相关置信度后，设置阈值，滤掉得分低的边界框，对保留的边界框进行非极大值抑制，就可以得到最终的检测结果。

YOLO 对相互靠得很近的小物体的检测效果不好，这是因为一个网格中最多只能预测属于一个类别的两个边界框；同时，由于网络是从训练数据中学习目标的特征，因此对物体出现的新的不常见的长宽比等情况泛化能力偏弱。与此同时，在损失函数中，对于大的边界框和小的边界框的错误是同样处理的，但是对于一个大的边界框来说，一个小的位置偏移影响并不大，而同样的位置偏移对于小的边界框就会引起交并比发生很大的变化。

12.3.6　Mask R – CNN

与上述网络不同，Mask R – CNN[169] 是一个实例分割网络，它不仅可以得到图像中物体的边界框，还可以得到物体的掩码，即哪些像素属于物体。Mask R – CNN 的检测结果如图 12 – 14 所示，其中不同颜色的像素属于不同的物体。Mask R – CNN 是一个两阶段网络，第一个阶段扫描图像并生成候选区域；第二个阶段则分类候选区域并生成边界框和掩码。

图 12 – 14　Mask R – CNN 的检测结果
[图片引自 He 等（2018）]

Mask R – CNN 的输入为图像，而输出则包括三个分支，一个分支输出类别标签，即图像中所包含的物体的类别；一个分支输出边界框，即每个物体的位置和大小；一个分支为掩

码分支，给出每个框中属于物体的像素。

Mask R – CNN 采用 Faster R – CNN 的框架，在 Faster R – CNN 的基础特征网络之后又加入全连接的分割子网，由原来的两个任务（即分类和回归）变为三个任务，即分类、回归以及分割。Mask R – CNN 是一个两阶段的框架：第一个阶段扫描图像并生成候选区域；第二阶段则分类候选区域并生成边界框和掩码。

Mask R – CNN 的网络结构如图 12 – 15 所示。

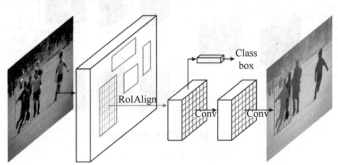

图 12 – 15　Mask R – CNN 的网络结构

[图片引自 He 等（2018）]

Mask R – CNN 网络采用三种损失函数进行训练，即分类损失、回归损失以及掩码损失。其中的分类损失和回归损失与 Faster R – CNN 类似，掩码损失采用的是交叉熵损失，被定义为平均二值交叉熵损失函数。掩码分支输出 K 个二值掩码，每个掩码对应一个类别，利用 sigmoid 函数进行二分类，判断每个像素是否属于该类别，并使用所有像素的交叉熵的均值作为损失。在计算损失的时候，若区域对应的类别是 k_i，则只计算第 k_i 个掩码对应的损失，其他掩码则不参与损失的计算。

12. 4　深度学习与目标跟踪

在深度目标跟踪中，可以使用卷积神经网络作为特征提取器来提取目标的表观特征，然后采用传统的跟踪算法进行目标跟踪，但是与人脸识别、物体检测等问题不同，深度学习在目标跟踪中的使用面临着训练数据严重缺失的问题。在目标跟踪中，一般来说只有第一帧中的目标位置是已知的，无法获得充足的训练数据来训练深度网络。目前，基于深度学习的跟踪方法主要采用迁移学习的思路，在目标跟踪的训练数据非常有限的情况下，使用辅助的其他训练数据。例如，ImageNet 中的数据进行预训练，能够得到有效提取通用物体特征的网络模型，跟踪时，通过当前跟踪目标的有限样本对训练好的网络模型进行微调，增强模型对当前跟踪目标的分类性能，从而可以大大减少对于目标跟踪训练样本的需求。

FCNT[171]对在 ImageNet 上预训练得到的深度卷积特征在目标跟踪任务上的性能进行分析，发现了预训练的深度卷积特征中，很多特征对于跟踪任务的贡献并不大。高层特征擅长区分不同类别的物体，虽然对目标的形变和遮挡比较鲁棒，但是对同一类别内部物体的区分能力较差。底层特征更关注目标的局部细节，可以有效区分背景中和目标相似的物体，但是对目标的剧烈形变不太鲁棒。

FCNT 的框架结构如图 12-16 所示，通过构建特征选择网络来选出和当前跟踪目标最相关的特征。使用高层特征构建描述类别信息的 GNet，使用底层特征构建用于区分相似背景物体的 SNet。FCNT 根据对深度卷积特征的分析，构建特征选择网络和两个互补的预测网络，可以有效防止跟踪器漂移，同时，对目标本身的形变更加鲁棒。

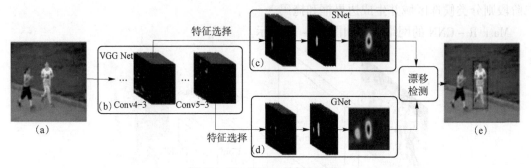

图 12-16　FCNT 的框架结构

[图片引自 Wang 等（2016）]

与使用卷积神经网络作为特征提取器提取目标的特征，供后续的跟踪算法使用不同，GOTURN[170] 通过离线学习物体运动的方式来进行跟踪。GOTURN 的框架如图 12-17 所示，在前一帧中，目标的位置已知，使用目标两倍大的以目标为中心的矩形框切割图像，得到两倍于目标大小的图像块。目标在当前帧中的位置是待预测的，使用切割前一帧的矩形框来切割当前帧，由于目标可能会运动，因此在当前帧中切割出的图像块中，目标一般不在中心位置。GOTURN 以两个图像块为输入，通过 5 个卷积层提取图像块的特征，然后使用 3 个全连接层输出目标的左上角和右下角的坐标，从而实现对目标的跟踪。

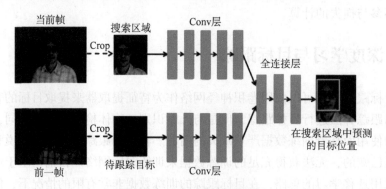

图 12-17　GOTURN 的框架

[图片引自 Held 等（2016）]

MDNet[173] 直接利用跟踪视频预训练卷积神经网络获得通用的目标表示能力，并使用域相关层（Domain Specific Layer）来完成某一个序列中的前景和背景区分任务，从而解决不同序列中目标的表观和运动模式、环境中光照、遮挡等差别较大，导致无法使用同一个卷积神经网络来有效区分所有训练序列中前景和背景的困难。

MDNet 的框架如图 12-18 所示，网络分为共享层和域相关层两部分。将每个训练序列当成一个单独的域，每个域都有一个针对它的二分类层，用于区分当前序列的前景和背景，而域相关层之前的所有层都是共享的。共享层学习了跟踪序列中目标的通用特征表达，而域相关层又解决了不同训练序列中待分类的目标不一致的问题。训练时，MDNet 每次调整参数前所选取的样本只由一个特定序列的训练数据构成，只更新共享层和针对当前序列的特定 fc6 层。这样，共享层就可以获得对序列共有特征的表达能力，如对光照、形变等的鲁棒性。在跟踪时，针对每个跟踪序列，MDNet 随机初始化一个新的 fc6 层，使用第一帧的数据来训练该序列的矩形框回归模型，然后使用第一帧提取正样本和负样本，更新 fc4、fc5 和 fc6 层的权重，之后产生候选样本，从中选择置信度最高的样本，通过矩形框回归得到最终的跟踪结果。

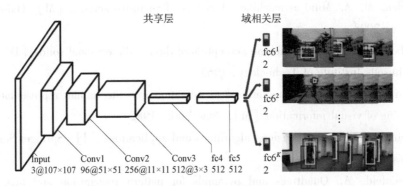

图 12－18 MDNet 的框架

[图片引自 Nam 等（2015）]

思考题

1. 目前，深度学习在计算机视觉的各个领域都取得了远超传统方法的性能。你觉得计算机视觉未来的发展是否会完全依赖深度学习的发展？

2. 如何使用深度网络来进行立体匹配？

3. 深度学习一般需要大量的训练样本，当训练样本不足时该如何解决？

4. 目前常用的深度学习框架有哪些？

5. 编程实现通过使用卷积神经网络进行纹理分类。

参 考 文 献

[1] Boden. M. A. Mind as machine: A history of cognitive science [M]. Oxford University Press, 2008.

[2] Roberts Lawrence. G. Machine perception of three – dimensional solids [D]. Diss. Massachusetts Institute of Technology, 1963.

[3] Marr. D. Vision: A computational investigation into the human representation and processing of visual information [M]. New York, 1982.

[4] Szeliski. R. Computer vision: algorithms and applications [J]. Springer Science & Business Media, 2010.

[5] Rosenfeld. A. Quadtrees and pyramids for pattern recognition and image processing [C]. Proceedings of the 5th International Conference on Pattern Recognition, 1980.

[6] Witkin. A. P. Scale – space filtering [C]. the 8th International Joint Conference of Artificial Intelligence, Karlsruhe, West Germany, 1983: 1010 – 1022.

[7] Adelson E. H., Simoncelli Eero, Hingorani. R. Orthogonal pyramid transforms for image coding [J]. *Visual Communications and Image Processing II*845, 1987.

[8] Horn. B. K. P. Obtaining shape from shading information [J]. The Psychology of Computer Vision, 1975: 115 – 155.

[9] Woodham. R. J. Analysing images of curved surfaces [J]. Artificial Intelligence, 1981: 117 – 140.

[10] Witkin. A. P. Recovering surface shape and orientation from texture [J]. Artificial Intelligence, 1981: 17 – 45.

[11] Nayar S. K., Watanabe M., Noguchi. M. Real – time focus range sensor [J]. IEEE Transactions on Pattern Analysis and Machine Intelligence, 1996: 1186 – 1198.

[12] Kass M., Witkin A., Terzopoulos D.. Snakes: Active contour models [J]. International Journal of Computer Vision, 1988: 321 – 331.

[13] Geman S., Geman D.. Stochastic relaxation Gibbs distributions and the Bayesian restoration of images [J]. IEEE Transactions on Pattern Analysis and Machine Intelligence6, 1984: 721 – 741.

[14] Nagel H. H., Enkelmann W.. An investigation of smoothness constraints for the estimation of displacement vector fields from image sequences [J]. IEEE Transactions on Pattern Analysis and Machine Intelligence 5, 1986: 565 – 593.

[15] Horn B. K. P. , Weldon E. J.. Direct methods for recovering motion [J]. International Journal of Computer Vision, 1988: 51 – 76.

[16] Okutomi M. , Kanade T.. A multiple – baseline stereo [J]. IEEE Transactions on Pattern Analysis and Machine Intelligence, 1993: 353 – 363.

[17] Birchfield S. , Tomasi C.. Depth discontinuities by pixel – to – pixel stereo [J]. International Journal of Computer Vision, 1999: 269 – 293.

[18] Boykov Y. , Veksler O. , Zabih R.. Fast approximate energy minimization via graph cuts [J]. IEEE Transactions on Pattern Analysis and Machine Intelligence, 2001: 1222 – 1239.

[19] Blake A. , Isard M.. Active contours: the application of techniques from graphics, vision, control theory and statistics to visual tracking of shapes in motion [J]. Springer Science & Business Media, 2012.

[20] Malladi R. , Sethian J. A. , Vemuri B. C.. Shape modeling with front propagation: A level set approach [J]. IEEE transactions on pattern analysis and machine intelligence, 1995: 158 – 175.

[21] Turk M. , Alex P.. Eigenfaces for recognition [J]. Journal of Cognitive Neuroscience, 1991: 71 – 86.

[22] Leclerc Y. G.. Constructing simple stable descriptions for image partitioning [J]. International Journal of Computer Vision, 1989: 73 – 102.

[23] Shi J. , Malik J.. Normalized cuts and image segmentation [J]. IEEE Transactions on Pattern Analysis and Machine Intelligence, 2000: 888 – 905.

[24] Comaniciu D. , Meer P.. Mean shift: A robust approach toward feature space analysis [J]. IEEE Transactions on Pattern Analysis and Machine Intelligence, 2002: 603 – 619.

[25] Mann S. , Picard R. W.. On being undigital with digital cameras: Extending dynamic range by combining differently exposed pictures [C]. In IS&T's 48th Annual Conference, 1995: 422 – 428.

[26] Debevec P. E. , Malik J.. Recovering high dynamic range radiance maps from photographs [C]. Proceedings of the 24th Annual Conference on Computer Graphics and Interactive Techniques, Los Angeles, USA: SIGGRAPH, 1997: 369 – 378.

[27] Efros A. A. , Leung T. K.. Texture synthesis by non – parametric sampling [C]. Proceedings of the seventh IEEE international Conference on Computer Vision, 1999, (2): 1033 – 1038.

[28] Kwatra V. , Schoedl A. , Essa I. , et al. Graphcut textures: Image and video synthesis using graph cuts [J]. ACM Transactions on Graphics, 2003: 277 – 286.

[29] Zhang J. , et al. Local features and kernels for classification of texture and object categories: A comprehensive study [J]. International Journal of Computer Vision, 2007: 213 – 238.

[30] Brown M. , Lowe D. G.. Automatic panoramic image stitching using invariant features [J]. International Journal of Computer Vision, 2007: 59 – 73.

[31] Belongie S. , Malik J. , Puzicha J. . Shape matching and object recognition using shape contexts [J]. IEEE Transactions on Pattern Analysis and Machine Intelligence, 2002: 509 – 522.

[32] Agarwala A. , et al. Interactive digital photomontage [J]. ACM Transactions on Graphics, 2004: 294 – 302.

[33] 贾云得. 机器视觉 [M]. 北京: 科学出版社, 2000.

[34] Ghafoorian M. , et al. Non – uniform patch sampling with deep convolutional neural networks for white matter hyper intensity segmentation [J]. 2016 IEEE 13th International Symposium on Biomedical Imaging (ISBI), 2016.

[35] Sakamoto T. , Nakanishi C. , Hase T. . Software pixel interpolation for digital still cameras suitable for a 32 – bit MCU [J]. IEEE Transactions on Consumer Electronics, 1998, 44 (4): 1342 – 1352.

[36] Digital Camera Sensors. https: //www. cambridgeincolour. com/tutorials/camera – sensors. htm. 2020 – 03 – 30.

[37] Ebner, Marc. Color constancy [M]. John Wiley & Sons, 2007.

[38] Land E. H. , McCann J. . Lightness and retinex theory [J]. Journal of the Optical Society of America, 1971: 1 – 11.

[39] Land H. Edwin. The Retinex Theory of Color Vision [J]. Scientific American, 1997: 108 – 128.

[40] Jobson D. J. , Rahman Z. , Woodell G. A. . A multiscale retinex for bridging the gap between color images and the human observation of scenes [J]. IEEE Transactions on Image Processing, 1997: 965 – 976.

[41] Finlayson G. D. , Drew M. S. , Lu C. . Entropy minimization for shadow removal [J]. International Journal of Computer Vision, 2009: 35 – 57.

[42] Fredembach C. , Finlayson G. . Simple shadow remova [C]. 18th International Conference on Pattern Recognition, 2006.

[43] Finlayson G. , Hordley S. , Drew M. . Removing shadows from images [C]. In Proc. of the 7th European Conference on Computer Vision (ECCV), 2002: 823 – 836.

[44] Paul E Debevec, Jitendra M. . Recovering high dynamic range radiance maps from photographs [J]. ACM Siggraph, 2008: 1 – 10.

[45] Kaufman, J. E. , Ed. IES Lighting Handbook: the standard lighting guide [M], 7th ed. Illuminating Engineering Society, New York, 1987.

[46] Lung Nodule Analysis 2016 . https: //luna16. grand – challenge. org. 2020. 03. 30.

[47] Mertens T. , Kautz J. , Reeth F. V. . Exposure fusion [C]. Computer Graphics and Applications, 2007.

[48] Abdel – Aziz Y. I. , Karara H. M. . Direct linear transformation into object space coordinates in close – range photogrammetry [C]. Proc. Symp. Close – Range Photogrammetry, 1971.

［49］ Zhang Z. A.. Flexible new technique for camera calibration ［J］. IEEE Transactions on Pattern Analysis and Machine Intelligence, 2000: 1330 – 1334.

［50］ Camera Calibration Toolbox for Matlab. http: //www. vision. caltech. edu/bouguetj/calib_ doc/ htmls/example. html. 2020 – 03 – 30.

［51］ Ganapathy S.. Decomposition of transformation matrices for robot vision ［C］. In Proc. International Conference on Robotics and Automation, 1984: 130 – 139.

［52］ Canny J.. A computational approach to edge detection ［J］. IEEE Transactions on Pattern Analysis and Machine Intelligence6, 1986: 679 – 698.

［53］ Bobick A.. Features 1 – Harris and other corners, https: //www. cc. gatech. edu/ ~afb/classes/CS4495 – Fall2013/slides/CS4495 – 10 – Features1. pdf.

［54］ Marr D. , Hildreth E.. Theory of edge detection ［J］. Proceedings of the Royal Society of London. Series B. Biological Sciences, 1980: 187 – 217.

［55］ Stricker M. , Orengo M.. Similarity of color images ［J］. Proc Spie Storage & Retrieval for Image & Video Databases, 1995: 381 – 392.

［56］ Harris C. G. , Stephens M.. A combined corner and edge detector ［C］. Alvey Vision Conference, 1988.

［57］ Lowe D. G.. Distinctive image features from scale – invariant keypoints ［J］. International Journal of Computer Vision, 2004: 91 – 110.

［58］ Dalal N. , Triggs B.. Histograms of oriented gradients for human detection ［C］. IEEE Computer Society Conference on Computer Vision and Pattern Recognition (CVPR'05), 2005. 2020 – 03 – 30.

［59］ Robert C.. Harris corner detector. http: //www. cse. psu. edu/ ~ rtc12/CSE486/lecture06. pdf.

［60］ Liu L. , et al. From BoW to CNN: Two decades of texture representation for texture classification ［J］. International Journal of Computer Vision, 2019: 74 – 109.

［61］ Haralick R. M. , Shanmugam K. , Dinstein I. H.. Textural features for image classification ［J］. IEEE Transactions on Systems Man and Cybernetics, 1973: 610 – 621.

［62］ Efros A. A. , Freeman W. T.. Image quilting for texture synthesis and transfer ［C］. Proceedings of the 28th Annual Conference on Computer Graphics and Interactive Techniques, 2001.

［63］ Hays J. , Efros A. A.. Scene completion using millions of photographs ［J］. ACM Transactions on Graphics (TOG), 2007.

［64］ Criminisi A. , Perez P. , Toyama K.. Region filling and object removal by exemplar – based image inpainting ［J］. IEEE Transactions on Image Processing, 2004, 13: 1200 – 1212.

［65］ Bugeau Aurélie , Bertalmio M. , Caselles V. , et al. A comprehensive framework for image inpainting ［J］. IEEE Transactions on Image Processing, 2010: 2634 – 2645.

［66］ Ohlander R. , Price K. , Reddy D. Raj. Picture segmentation using a recursive region splitting method [J]. Computer Graphics and Image Processing, 1978: 313 – 333.

[67] Fukunaga K. , Hostetler L . The estimation of the gradient of a density function, with applications in pattern recognition [J]. IEEE Transactions on Information Theory, 1975: 32 – 40.

[68] Boykov Y. , Gareth F. L. . Graph cuts and efficient ND image segmentation [J]. International Journal of Computer Vision, 2006: 109 – 131.

[69] Rother C. . GrabCut : Interactive foreground extraction using iterated graph cuts [J]. Proceedings of Siggraph , 2004.

[70] Wertheimer M. . A laws of organization in perceptual forms (partial translation) [M]. A Sourcebook of Gestalt Psycychology, W. B. Ellis, ed, 1938: 71 – 88.

[71] Lucas B. , Kanade T. . An iterative image registration technique with an application to stereo vision [C]. In Proceedings of the International Joint Conference on Artificial Intelligence, 1981: 674 – 679.

[72] Kato Z. . Markov random fields in image segmentation. https: //inf. u – szeged. hu/ ~ ssip/2008/presentations2/Kato_ ssip2008. pdf. 2020 – 03 – 30.

[73] Vincent L. , Soille P. . Watersheds in digital space: An efficient algorithms based on immersion simulation [J]. IEEE Transactions on Pattern Analysis and Machine Intelligence, 1991: 583 – 598.

[74] Comaniciu D. , Meer P. . Mean shift: A robust approach toward feature space analysis [J]. IEEE Transactions on Pattern Analysis & Machine Intelligence, 2002: 603 – 619.

[75] Moghaddam B. , Pentland A. . Probabilistic visual learning for object representation [J]. IEEE Transactions on Pattern Analysis and Machine Intelligence, 1997: 696 – 710.

[76] Duda R. O. , Hart P. E. . Use of the Hough transformation to detect lines and curves in pictures [J]. Communications of the ACM, 1972: 11 – 15.

[77] Martin A. , Fischler A. , et al. Random sample consensus: a paradigm for model fitting with applications to image analysis and automated cartography [J]. Communications of the ACM, 1981.

[78] McLachlan G. J. , Krishnan T. . The EM algorithm and extensions [M]. John Wiley & Sons, 2007.

[79] Jorma Rissanen. A universal prior for integers and estimation by minimum description length [J]. The Annals of statistics, 1983: 416 – 431.

[80] Robertson D. P. , Cipolla R. . Structure from motion [M]. In Varga, M. , editors, Practical Image Processing and Computer Vision, John Wiley, 2009.

[81] Fitzgibbon A. W. , Zisserman A. . Automatic camera recovery for closed or open image sequences [C]. In European Conference on Computer Vision (ECCV'98), 1998: 311 – 326.

[82] Tomasi C. , Kanade T. . Shape and motion from image streams under orthography: A factorization method [J]. International Journal of Computer Vision, 1992: 137 – 154.

［83］ Weinshall D. , Tomasi C. . Linear and incremental acquisition of invariant shape models from image sequences ［C］. In International Conference on Computer Vision （ICCV'93）, 1993: 675 –682.

［84］ Sturm P. F. , Triggs W. . A factorization based algorithm for multi – image projective structure and motion ［C］. In European Conference on Computer Vision （ECCV'96）, 1996: 709 –720.

［85］ Schaffalitzky F. , Zisserman A. , Hartley R. I. , et al. A six point solution for structure and motion ［C］. In European Conference on Computer Vision （ECCV'00）, 2000: 632 – 648.

［86］ Kanade T. , Okutomi M. . A stereo matching algorithm with an adaptive window: Theory and experiment ［J］. IEEE transactions on Pattern Analysis and Machine Intelligence, 1994: 920 –932.

［87］ Fusiello A. , Roberto V. , Trucco E. . Efficient stereo with multiple windowing ［C］. IEEE Computer Society, 1997.

［88］ Ullman S. . The interpretation of structure from motion ［J］. Proceedings of the Royal Society of London. Series B. Biological Sciences, 1979: 405 –426.

［89］ Lazebnik S. . Structure from Motion. http: //slazebni. cs. illinois. edu/spring19/lec 17_ sfm. pdf. 2020 –03 –30.

［90］ Longuet – Higgins H. C. . A computer algorithm for reconstructing a scene from two projections ［J］. Nature, 1981: 133 –135.

［91］ Hartley R. I. . In defence of the 8 – point algorithm ［C］. International Conference on Computer Vision. IEEE Computer Society, 1995.

［92］ Triggs B. , et al. Bundle adjustment—a modern synthesis. International workshop on vision algorithms ［M］. Springer Berlin Heidelberg, 1999.

［93］ Snavely N. , Seitz S. M. , Szeliski R. . Photo tourism: Exploring photo collections in 3D ［J］. ACM Transactions on Graphics （SIGGRAPH Proceedings）, 2006: 835 –846.

［94］ Furukawa Y. , Hernández C. . Multi – view stereo: A tutorial. Foundations and Trends in Computer Graphics and Vision 9. 1 –2, 2015: 1 –148.

［95］ Middlebury Stereo Datasets. http: //vision. middlebury. edu/stereo. 2020 –03 –30.

［96］ Mei X. , Ling H. . Robust visual tracking using 1 minimization ［C］. IEEE 12th International Conference on Computer Vision, 2010.

［97］ Yilmaz A. , Javed O. , Shah M. . Object tracking: A survey ［J］. ACM Computing Surveys, 2006.

［98］ Comaniciu D. , Ramesh V. , Meer P. . Real – time tracking of non – rigid objects using mean shift ［C］. IEEE Conference on Computer Vision & Pattern Recognition Cvpr, 2002.

［99］ Nummiaro K. , Koller – Meier E. , Gool L. V. . An adaptive color – based particle filter ［J］. Image and Vision Computing, 2003: 99 –110.

[100] Simon D.. Optimal state estimation: Kalman, H infinity, and nonlinear approaches [M]. John Wiley & Sons, 2006.

[101] Li Y.. On incremental and robust subspace learning [J]. Pattern Recognition, 2004: 1509 – 1518.

[102] Bolme D. S., Beveridge J. R., Draper B. A., et al. Visual object tracking using adaptive correlation filters [C]. Proceedings of the IEEE Conference on Computer Vision and Pattern Recognition, 2010: 2544 – 2550.

[103] Wu Y., Lim J., Yang M. H.. Online object tracking: A benchmark [C]. IEEE Computer Society Conference on Computer Vision and Pattern Recognition, 2013: 2411 – 2418.

[104] Wu Y., Lim J., Yang M. H.. Object tracking benchmark [J]. Pattern Analysis & Machine Intelligence IEEE Transactions on, 2015: 1834 – 1848.

[105] Kristan M., Matas J., Leonardis A., et al. A novel performance evaluation methodology for single – target trackers [J]. IEEE Transactions on Pattern Analysis & Machine Intelligence, 2015: 2137 – 2155.

[106] Milan A., et al. MOT16: A benchmark for multi – object tracking [J]. arXiv preprint arXiv: 1603. 00831, 2016.

[107] Stiefelhagen R., Bernardin K., Bowers R., et al. The CLEAR 2006 Evaluation [J], 2006.

[108] Luo W., Zhao X., Kim T. K.. Multiple object tracking: A review [J]. arXiv preprint arXiv: 1409. 7618, 2014.

[109] Gelb A.. Applied optimal estimation [M], MIT press, 1974.

[110] Isard M., Blake A. Condensation—Conditional density propagation for visual tracking [J]. International Journal of Computer Vision (IJCV), 1998: 5 – 28.

[111] MacCormick J., Blake A.. A probabilistic exclusion principle for tracking multiple objects [J]. International Journal of Computer Vision (IJCV), 2000: 57 – 71.

[112] Comaniciu D., Ramesh V., Meer P.. Kernel – based object tracking [J]. IEEE Transactions on Pattern Analysis and Machine Intelligence (TPAMI), 2003: 564 – 577.

[113] Khan Z., Balch T., Dellaert F.. Efficient particle filter – based tracking of multiple interacting targets using an MRF – based motion model [C]. IEEE/RSJ International Conference on Intelligent Robots and Systems (IROS), 2003: 254 – 259.

[114] Yang M., Yu T., Wu Y.. Game – theoretic multiple target tracking [C]. IEEE International Conference on Computer Vision (ICCV), 2007: 1 – 8.

[115] Zhang L., Laurens V. D. M.. Preserving structure in model – free tracking [J]. IEEE Transactions on Pattern Analysis and Machine Intelligence (TPAMI), 2014: 756 – 769.

[116] Rasmussen C., Hager G. D.. Probabilistic data association methods for tracking com-

plex visual objects [J]. IEEE Transactions on Pattern Analysis and Machine Intelligence (TPAMI), 2001: 560 –576.

[117] Reid D. B.. An algorithm for tracking multiple targets [J]. IEEE Transactions on Automatic Control, 1979: 843 –854.

[118] Xue J., Zheng N., Geng J., et al. Tracking multiple visual targets via particle – based belief propagation [J]. IEEE Transactions on Systems, Man, and Cybernetics, Part B: Cybernetics, 2008: 196 –209.

[119] Kuhn H. W.. The Hungarian method for the assignment problem [J]. Naval Research Logistics Quarterly, 1955: 83 –97.

[120] Zhang L., Li Y., Nevatia R.. Global data association for multi – object tracking using network flows [C]. IEEE Conference on Computer Vision and Pattern Recognition (CVPR), 2008: 1 –8.

[121] Collins R.. Introduction to data, http: //www. cse. psu. edu/ ~ rtc12/CSE598C/datassocPart1. pdf.

[122] Henriques J. F., Caseiro R., Martins P., et al. High – speed tracking with kernelized correlation filters [J]. IEEE Transactions on Pattern Analysis & Machine Intelligence, 2015: 583 –596.

[123] Danelljan M., Häger G., Khan F. S., et al. Accurate scale estimation for robust visual tracking [C]. British Machine Vision Conference, 2014.

[124] Babenko B., Yang M. H., Belongie S.. Robust object tracking with online multiple instance learning [J]. IEEE Transactions on Pattern Analysis & Machine Intelligence, 2011: 1619 –1632.

[125] Olshausen B. A., Field D. J.. Emergence of simple – cell receptive field properties by learning a sparse code for natural images [J]. Nature 1996, 381 (6583): 607 –609.

[126] Oliva A., Torralba A.. Modeling the shape of the scene: A holistic representation of the spatial envelope [J]. International Journal of Computer Vision, 2001: 145 –175.

[127] Indyk P.. Approximate nearest neighbor : Towards removing the curse of dimensionality [C]. Proc. 30th Symposium on Theory of Computing, 1998.

[128] Forsyth D. A., Ponce J.. Computer vision: a modern approach [M]. Prentice Hall Professional Technical Reference, 2002.

[129] Jones M. J., Rehg J. M.. Statistical color models with application to skin detection [J]. International Journal of Computer Vision, 2002: 81 –96.

[130] Zhang H., Berg A. C., Maire M., et al. SVM – KNN: Discriminative nearest neighbor classification for visual category recognition [C]. 2006 IEEE Computer Society Conference on Computer Vision and Pattern Recognition (CVPR 2006), New York, NY, USA. IEEE, 2006.

[131] Xiao J., Hays J., Ehinger K. A., et al. SUN database: Large – scale scene recogni-

tion from abbey to zoo [C]. The Twenty – Third IEEE Conference on Computer Vision and Pattern Recognition, CVPR 2010, San Francisco, CA, USA, IEEE, June, 2010.

[132] Torralba A., Murphy K., Freeman W., et al. Context – based vision system for place and object recognition [C]. Proceedings Ninth IEEE International Conference on Computer Vision, 2008.

[133] Friedman A.. Framing pictures: The role of knowledge in automatized encoding and memory for gist [J]. Journal of Experimental Psychology General, 1979: 316 – 355.

[134] Belhumeur P. N., Hespanha J. P., Kriegman D. J.. Eigenfaces vs. Fisherfaces: Recognition using class specific linear projection [J]. IEEE Transactions on Pattern Analysis and Machine Intelligence, 1997: 711 – 720.

[135] Bentley J. L.. Multidimensional binary search trees used for associative searching [J]. Communications of the ACM 18.9, 1975: 509 – 517.

[136] Weston J., Watkins C.. Multi – class Support Vector Machines [M]. Support Vector Machines for Pattern Classification, Springer London, 2005.

[137] Viola P., Jones M.. Robust real – time face detection [J]. International Journal of Computer Vision, 2004: 137 – 154.

[138] Uijlings J. R. R., van de Sande K. E. A.. Selective search for object recognition [J]. International Journal of Computer Vision, 2013: 154 – 171.

[139] Alexe B., Deselaers T., Ferrari V.. What is an object? [C]. 2010 IEEE Computer Society Conference on Computer Vision and Pattern Recognition, 2010.

[140] Zitnick C. L., Dollár P.. Edge boxes: Locating object proposals from edges [C]. European Conference on Computer Vision, Springer, Cham, 2014.

[141] Li F. F.. Stereo Vision. http: //vision. stanford. edu/teaching/cs131_ fall1314_ nope/lectures/lecture9_ 10_ stereo_ cs131. pdf.

[142] Everingham M., Gool L. V., Williams C. K. I., et al. The pascal visual object classes (VOC) challenge [J]. International Journal of Computer Vision, 2010: 303 – 338.

[143] Jain V., Learned-Miller E. Fddb: A benchmark for face detection in unconstrained settings [J]. University of Massachusetts, Amherst, Tech. Rep. UM – CS – 2010 – 009, 2010: 8 – 19.

[144] Yang S., Luo P., Loy C. C., et al. Wider face: A face detection benchmark [C]. In Proceedings of Computer Vision and Pattern Recognition, 2016: 5525 – 5533.

[145] Dollar P., Wojek C., Schiele B., et al. Pedestrian detection: A benchmark [J]. IEEE Computer Society Conference on Computer Vision and Pattern Recognition, 2009: 304 – 311.

[146] Wojek C., Walk S., Schiele B.. Multi – cue pnboard pedestrian detection [C]. IEEE Conference on Computer Vision and Pattern Recognition, 2009.

[147] Ess A., Leibe B., Schindler K., et al. A Mobile vision system for robust multi – person tracking [C]. IEEE Conference on Computer Vision and Pattern Recognition, 2008.

［148］ Wei Y. , et al. Cascade of multi – scale convolutional neural networks for bone sup-
pression of chest radiographs in gradient domain ［J］. Medical Image Analysis , 2017
（35）: 421 – 433.

［149］ Everingham M. , Gool L. V. , Williams C. K. I. , et al. The Pascal visual object clas-
ses（VOC）challenge ［J］. International Journal of Computer Vision, 2010: 303 –
338.

［150］ Everingham M. , Eslami S. M. A. , Van L. G. , et al. The Pascal visual object claess-
es challenge: A retrospective ［J］. International Journal of Computer Vision, 2015: 98 –
136.

［151］ Lin T. Y. , Maire M. , Belongie S. , et al. Microsoft COCO: Common objects in con-
text ［C］. ECCV, 2014.

［152］ Deng J. , Dong W. , Socher R. , et al. ImageNet: A large – scale hierarchical image
database ［C］. 2009 IEEE Computer Society Conference on Computer Vision and Pat-
tern Recognition（CVPR 2009）, Miami, Florida, USA. , 2009.

［153］ Felzenszwalb P. F. , Huttenlocher D. P. . Efficient graph – based image segmentation
［J］. International Journal of Computer Vision, 2004: 167 – 181.

［154］ Pedro F. F. , et al. Object detection with discriminatively trained part – based models
［J］. IEEE Transactions on Pattern Analysis and Machine Intelligence 32. 9, 2009:
1627 – 1645.

［155］ Li F. F. . Introduction to computer vision. http://vision. stanford. edu/teaching/cs131_
fall1314_ nope/lectures/lecture1_ introduction_ cs131. pdf.

［156］ Taigman Y. , Yang M. , Ranzato M. , et al. DeepFace: Closing the gap to human –
level performance in face verification ［C］. Conference on Computer Vision and Pattern
Recognition（CVPR）. IEEE Computer Society, 2014.

［157］ Yi S. , Wang X. , Tang X. . Deep learning face representation from predicting 10, 000
classes ［C］. Proceedings of the IEEE Conference on Computer Vision and Pattern
Recognition, 2014.

［158］ Yi S. , et al. Deep learning face representation by joint identification verification ［J］.
Advances in Neural Information Processing Systems, 2014.

［159］ Yi S. , Wang X. , Tang X. . Deeply learned face representations are sparse, selective,
and robust ［C］. Proceedings of the IEEE Conference on Computer Vision and Pattern
Recognition, 2015.

［160］ Yi S. , et al. DeepID3: Face recognition with very deep neural networks. arXiv pre-
print arXiv:1502. 00873, 2015.

［161］ Schroff F. , Kalenichenko D. , Philbin J. . Facenet: A unified embedding for face rec-
ognition and clustering ［C］. Proceedings of the IEEE Conference on Computer Vision
and Pattern Recognition, 2015.

［162］ Simonyan K. , Zisserman A. . Very deep convolutional networks for large – scale image recognition. arXiv preprint arXiv: 1409. 1556, 2014.

[163] Szegedy C. , et al. Going deeper with convolutions [C]. Proceedings of the IEEE Conference on Computer Vision and Pattern Recognition, 2015.

[164] Ross G. , et al. Rich feature hierarchies for accurate object detection and semantic segmentation [C]. Proceedings of the IEEE Conference on Computer Vision and Pattern Recognition, 2014.

[165] He K. , et al. Spatial pyramid pooling in deep convolutional networks for visual recognition [C]. IEEE Transactions on Pattern Analysis and Machine Intelligence 37. 9, 2015: 1904 – 1916.

[166] Girshick R. . Fast R – CNN [C]. Proceedings of the IEEE International Conference on Computer Vision, 2015.

[167] Ren S. , et al. Faster R – CNN: Towards real – time object detection with region proposal networks [J]. Advances in Neural Information Processing Systems, 2015.

[168] Redmon J. , et al. You only look once: Unified, real – time object detection [C]. Proceedings of the IEEE Conference on Computer Vision and Pattern Recognition, 2016.

[169] He. Kaiming, Gkioxari. Georgia, Dollár. Piotr. Mask R – CNN [J]. IEEE Transactions on Pattern Analysis & Machine Intelligence, 2018 (13): 17 – 26.

[170] Held D. , Thrun S. , Savarese S. . Learning to track at 100 fps with deep regression networks [C]. European Conference on Computer Vision. Springer, Cham, 2016.

[171] Wang L. , Ouyang W. , Wang X. , et al. Visual tracking with fully convolutional networks [C]. 2015 IEEE International Conference on Computer Vision (ICCV). 2015.

[172] Hinton G. E. . Reducing the dimensionality of data with neural networks [J]. Science, 2006: 504 – 507.

[173] Nam H. , Han B. . Learning multi – domain convolutional neural networks for visual tracking [J]. Research Gate, 2015.

[174] Mehran R. , Oyama A. , Shah M. . Abnormal crowd behavior detection using social force model [C]. 2009 IEEE Computer Society Conference on Computer Vision and Pattern Recognition (CVPR 2009), Miami, Florida, USA. , 2009.